생명은
판도라다

소중한 가족에게

미생물학자가
철학자에게 보내는
'생명탐험'
초대장

생명은
판도라다

김응빈 지음

생 물 학 과 철 학 의 접 점 찾 기

(주)바이오사이언스출판

생명은 판도라다

초판 인쇄: 2014년 9월 10일
초판 발행: 2014년 9월 15일

저　자: 김응빈
발행인: 문정구
편　집: 조영주 이종률 홍수희
영업총괄: 한상정
기획총괄: 최성원
발행처: (주)바이오사이언스출판
주　소: 서울특별시 서초구 효령로2길 10 호산빌딩 201호
전　화: (02)581-4057~8
팩　스: (02)581-4059
이메일: inquiry@biosciencepub.com
홈페이지: http://www.biobooks.co.kr
ISBN: 978-89-6824-026-3 03470
등록번호: 제22-3079호
값: 19,000원

(주)바이오사이언스출판

머리말

누가 인간이 다른 동물과 차별되는 여러 특징 중에 하나만 말해보라고 한다면, 불을 무서워하기는커녕 오히려 이를 이용하는 능력을 꼽겠다. 그리스 신화에 따르면, 제우스가 감춰둔 이 불을 인간에게 전해준 죄로 프로메테우스는 바위에 묶인 채 낮에는 독수리에게 간을 쪼아 먹히고, 밤이면 다시 회복되어 다음날 다시 고통받는 끔찍한 형벌을 영원히 받고 있다. 제우스의 분노는 여기서 그치지 않고 불을 넙죽 받은 인간을 응징할 목적으로, 인류 최초의 여성을 흙으로 빚어 만들게 했다. 그러고는 여러 신들에게 자신의 가장 고귀한 것을 그녀에게 선물하게 하였다. 미의 여신 아프로디테는 아름다움과 교태, 거부할 수 없는 욕망을, 아테나는 방직 기술을, 헤르메스는 말솜씨와 마음을 숨기는 법 등을 주었다. 이렇게 해서 '모든 선물을 받은 여인'이라는 뜻의 판도라(Pandora)가 탄생했다고 한다.

한마디로 딱 부러지게 말할 수 없는, 같은 듯 다른 아니 다른 듯 같은 무한한 잠재력을 지닌 생명의 매력이 신화에 묘사된 판도라를 닮은 듯하다. 게다가 생명체의 조작과 복제를 넘어 제조가 시도되고 있는 21세기 바이오 시대에 생명은, 그 유명한 상자를 들고 있는 판도라처럼 보이기도 한다. 그 상자를 열면 인류에게 큰 행복이 올 것이라는 기대만큼이나 전혀 예상치 못한 재앙이 닥칠 수고 있다는 우려도 있다.

거의 30년간 실험실에서 박테리아와 깊은 교제를 해오다가, 5년 전 우연한 기회에 그 철학자를 만나게 되었다. 처음에는 그냥 얘기가 통해서 커피 한잔(가끔씩은 맥주 한잔)의 여유 속에 담소를 나누는 정도였다. 그런데 만남이 계속되면서 한 번 대화를 시작하면 시간 가는 줄 모르기 일쑤였다. 서로 다른 공부를 해왔다고 생각했었는데, 실은 같은 문제를 다른 각도에서 보고 있었던 것이 신기하기도 했다. 그런 만남이 깊어질수록 서로가 서로에게 각자가 공부하는 내용을 이해시키기 위한 소통의 말솜씨가 늘면서, 시나브로 사고의 융합이 일어나기 시작했다.

여기저기서 들려오는 '융합'의 메아리 속에서 우리는 겉만 화려한 학제 간 통섭과 융합이 아니라, 초보적인 수준에서부터 메타적 담론의 수준에 이르기까지 생물학과 철학의 창조적 접점을 찾아 떠나려 한다. 우리가 완벽하게 알고 있다고 쉽게 생각했던 사안에 대해 시각을 조금만 달리해도 미처 생각하지 못했던 문제가 있다는 것을 인식함으로써, 경험적 사고 체계인 과학의 한계를 넘어 보편타당한 객관적 진리 추구를 시도하려는 것이다. 쉽지 않은 여정이 될 것임을 잘 알고 있다. 언제 어디에 도착할지도 모르겠다. 다만 분명 의미 있는 시간이 되리라는 막연한 확신만이 있을 뿐이다.

이 책은 본격적인 여정을 떠나기에 앞서 다녀온 짤막한 답사 여행기라고 볼 수 있다. 생물학의 핵심 개념과 원리 이해를 통해 생명 현상에 대한 주요 근접 질문(proximate question)에 대한 답을 알아보고, 지식의 가장자리에서 근본적(radical) 질문을 던지는 철학의 사유 방식을 통해 궁극 질문(ultimate question)을 제기할 수 있는지를 타진해 보았고, 나름 희망을 보았다. 그래서 우리 여행의 취지에 공감 또는 호기심을 느끼는 사람들 모두에게 들려주고 싶은 이야기 열 편을 묶었다. 말 그대로 이야기라 생각하고 읽어 주기 바란다. 도중에 지루하거나 이해하기 어려운 대목을 만나면, 일단 넘어가면 된다. 상당 부분은 뒤로 가면서 자연스레 해결될 것으로 기대한다.

"우리 만남은 우연이 아니야. 그것은 우리의 바램이었어."라는 어느 대중가요의 한 소절과도 같은 그 철학자와의 만남은 나에게는 큰 행운이다. 고마울 뿐이다. 끝으로 제한된 시간에 좋은 책을 만들어주신 (주)바이오사이언스출판의 문정구 대표이사님을 비롯한 편집부 직원 모두에게도 고마움을 전한다.

2014년 8월 어느 날
경의선 열차에서
김응빈

차례

머리말 • V

이야기를 시작하며: 이야기의 힘 • 1

01 예술작품 바이러스 • 8

미생물학자가 철학자에게 들려준 바이러스 이야기 • 9
철학자가 미생물학자에게 들려준 예술작품 이야기 • 14
철학자와 미생물학자가 함께 도출한 결론 • 18

02 보고 싶은 욕망 • 20

1665년 9월 어느 날 영국 • 23
1668년 네덜란드 • 25
어떤 논쟁 • 29
논쟁의 종결자 • 31
봇물이 터지다 • 34
전쟁의 시작 • 39
잊고 있었던 사실 • 42

03 현미경으로 본 인간의 조건 • 44

정상 미생물상 • 45
정상 미생물상과 인간 사이의 관계 • 48
미생물을 이용한 첨단 치료 • 51
인간의 조건 • 54

04 킬러와 원시인 • 55

달콤한 맛을 주는 탄수화물 • 57
고소한 맛을 주는 지질 • 61
씹는 맛이 좋은 단백질 • 63
석기시대에서 온 그대 • 67

05 오장육부 • 71

소화계 • 73
순환계 • 81
배설계 • 90

06 사랑과 에너지 • 100

숨쉬기 • 102
이산화탄소와 산소 운반 • 105
Breathing과 Respiration • 107
산소 없이 숨쉬기 • 109
타다 남은 동강 • 111

07 인생8자 • 113

'플라토닉 러브'의 본질과 생물학적 영생(永生) • 114
유전물질의 실체 • 117
유전물질의 전달 원리 • 121
생식세포 만들기 • 126
불완전한 둘이 만나 완전한 하나가 되기까지 • 131
유전자로 인간을 어디까지 설명할 수 있을까? • 132

08 생명체의 기원과 역사 • 138

증거와 단서들 • 139
생명체를 이루는 탄소화합물의 생성 • 142
원시 세포의 탄생 • 145
원시 세포의 진화 • 149

09 생명체의 진화 • 154

생물학에서 말하는 진화의 개념 • 155
진화 이론의 태동과 발전 • 159
소진화와 대진화 • 167
진화 이론을 둘러싼 논쟁 • 171

10 생태극장의 연극과 인간의 이탈 • 176

바이오스피어 • 177
바이오스피어 2가 주는 교훈 • 183
철새를 위한 변명(?) • 185
불편한 진실 • 190
누가 무엇을 어떻게 할 것인가? • 194

이야기를 마치며: 생명이란 무엇인가? • 197

참고문헌 • 204
찾아보기 • 208

이야기를 시작하며: 이야기의 힘

1990년대 이후 전 세계를 휩쓸고 있는 한류의 선봉에 우리나라 드라마가 있다. 인기 있는 드라마들은 하나 같이 재미있고 많은 사람이 공감할 수 있는(하지만 가끔씩은 억지스럽고 진부한) 이야기를 중심으로 펼쳐진다. 이런 이야기가 가지고 있는 놀라운 교육 효과를 의외의 장소에서 경험한 적이 있다. 대중교통을 이용하다 보면 뜻하지 않게 주변 사람의 대화 내용을 어깨너머로 듣게 되는 경우가 종종 있다. 그날도 여느 때와 같이 몸은 규칙적인 지하철의 흔들림에 맞추고 눈은 손에 든 소설책을 응시하고 있었는데, 까르르 웃어대며 수다를 떠는 여학생들의 목소리가 청각을 자극하여 나의 뇌신경을 그들의 대화 속으로 끌어들였다('들렸다'의 생물학적 표현). 모 TV 방송국에서 방영되고 있는 드라마에 대한 얘기였는데, 어찌나 생생하고 자세하게 묘사를 하던지 그 드라마를 단 한 번도 본 적이 없는 나마저도 대충의 줄거리를 이해할 수 있을 정도였다. 조금 시끄럽기는 했지만 입시 경쟁에 찌든 그들만의 스트레스 해소법이라 이해해 주기로 하고 읽던 책으로 주의를 돌리려는 순간, 급반전된 그들의 대화에 전율을 느꼈다. "얘 그런데 있잖아. 오늘 생물시험 완전 망쳤다. 어제 밤에 열심히 외운 게 시험 볼 때는 생각도 잘 나지 않고 헷갈리기만 하더라. 역시 생물은 왕짜증 암기 과목이야." 한 번 본 드라마의 내용은 일목요연하게 강의(?)할 수 있을 정도의 학생의 입에서 이런 발언이 나오다니 그야말로 '막장 드라마'에서나 나올법한 반전이 아닌가!

놀란 마음을 가라앉히며 재차 생각해보니 황당한 일이 아니라 오히려 당연한 일이라는 생각이 들었다. 십중팔구 이 학생들은 생물 교과 내용을 이해하지 않고 무조건 외우려고만 했을 것이다. 그렇다면 드라마도 대사까지 모두 외우겠다는 자세로 봤을까. 분명 아니리라. 사건의 전개를 순차적으로 파악하며 때로는 등장인물에 감정을 이입하면서 드라마 속에 빠져들어 봤을 것이다. 그랬기 때문에 드라마에 등장하는 수많은 배우들의 이름과 줄거리를 모두 기억하여 맛깔스럽게 이야기하지 않았을까! 그러고 나니 문득 이런 생각이 들었다. 생물 공부를 이렇게 하면 되지 않을까? 생물 공부에 자신의 현재 상황(환경)을 이입하였다면 핵심 내용(인물 +사건 +배경)을 모두 똑똑히 기억할 수 있었을 것이다! 생물학은 생물을 둘러싸고 일어나는 현실 드라마를 다루는 학문이다. 드라마를 보듯 인물과 사건, 배경 등을 이해하면, 생물은 더 이상 암기과목이 아니다. 지금부터 사람을 중심으로 이야기가 전개되는 '몸 드라마'의 줄거리를 살펴보면서 이런 주장의 신빙성을 확인해 보자.

3대 주영양소인 탄수화물과 단백질, 지질을 우리 몸 드라마의 주인공으로 볼 수 있다. 탄수화물은 우리 몸에서 에너지를 만드는 데 가장 먼저 쓰이는 영양소다. 한국 사람은 '밥심으로 산다'는 말이 있을 만큼 우리 민족은 탄수화물이 주성분인 쌀을 주요 에너지원으로 섭취해 왔으며 쌀이 부의 척도로 여겨지던 시절도 있었다. 생명체 안에서 다양한 기능을 수행하는 단백질은 '폼생폼사' 멀티엔터테이너다. 왜냐하면 단백질의 다양한 기능 수행 여부는 단백질의 모양(입체 구조)에 의해서 결정되기 때문이다. 중요한 영양소이지만 핏속에 동물성 지방이나 콜레스테롤 양이 지나치게 많아지면 동맥경화와 같은 병을 일으킬 수 있어 많은 사람들에게 건강의 적(?)으로 오해를 받고 있는 지질은 극중 악역 배우와 닮은꼴이다. 드라마에는 주인공 이외에도 여러 명의 조연 배우가 등장한다. 비타민이나 무기염류, 물 등과 같은 부영양소를 몸드라마의 조연배우로 볼 수 있다. 약방의 감초로 드라마에 재미를 더하는 조연배우처럼 부영양소는 몸의 생리 기능을 조절한다. 무기염류는 각종 생리작용의 조절에 참여하며, 물은 세포 원형질의 주성분으로 우리 몸무게의 약 66%를 차지한다.

출연 배우의 인기나 잘생긴 외모가 드라마의 흥행에 미치는 영향을 무시할 순 없지만 드라마가 큰 인기를 끌기 위해서는 무엇보다도 배우들이 맡은 역할을 잘 소화해 연기가 드라마 속으로 녹아들어 가야 한다. 마찬가지로 우리 몸에 들어온 영양소도 잘 소화되어야 건강을 유지할 수 있다. 소화는 섭취한 음식물을 원료로 우리 몸의 성장과 유지, 보수 등에 필요한 다양한 물질과 에너지를 만들어내는 과정이다. 즉 작가의 의도와 감독의 지시에 따른 배우들의 연기 변신을 통해 드라마가 전개되는 것처럼, 섭취된 다양한 음식물도 소화관(입, 식도, 위, 장 등)을 통과하면서 소화효소에 의해서 세포가 이용할 수 있는 물질(포도당과 아미노산, 지방산 등)로 전환된다.

소화된 영양분의 대부분은 소장에서 흡수되어 혈관을 통해 심장으로 전달된 다음, 온몸으로 퍼져나가게 된다. 대장은 소장을 통과한 물질에서 주로 수분을 흡수하고 탈수된 찌꺼기를 연동운동에 의해 몸 밖으로 내보내는 역할, 즉 배변 활동을 수행한다. 그런데 배변이라고 하니까 '똥'이라는 단어가 연상되어서 그런지 나도 모르게 얼굴이 찌푸려진다. 하지만 다시 한 번 생각해 보면 그렇게 불결한 것이 아니다. 맛있다고 먹은 귀한 음식이 소중한 내 몸을 통과해서 나온 것인데, 뭐가 그리 더럽단 말인가? 사실 항상 몸 안에 지니고 다니는 물질의 세상 데뷔일 뿐인데. '똥 분(糞)'자를 분석해 보면 재미난 사실을 발견하게 된다. 즉 똥은 쌀(米, 쌀 미)이 다른 모양으로 변한 것(異, 다를 이)이라는 뜻이니, 섭취한 음식물을 분해하여 영양분을 흡수하기 쉬운 형태로 변화시키는 작용을 일컫는 소화의 의미를 그대로 담고 있는 셈이다.

거의 모든 드라마는 개성이 다른 인물들의 경쟁과 갈등, 오해와 질투, 그리고 애증 관계가 복잡하게 얽히면서 진행되다가 어떤 극적인 사건을 계기로 클라이맥스에 다다르다 결말로 이어지는데, 어디론가 홀연히 떠나는 주인공의 모습으로 마무리되는 경우를 흔히 본다. 우리 몸에서 일어나는 생명활동의 절정은 호흡(여기서 호흡이란 폐에서 이산화탄소를 내보내고 산소를 들이마시는 과정뿐 아니라 세포호흡까지 의미함)이라고 할 수 있다. 교향악 단원 개개인의 연주가 모여 아름다운 곡이 완성되듯이 호흡은 온몸의 기관들이 조화롭게 움직여 에너지를 만드는 과정이다. 교향악단 이야기가 나오니 2006년 큰 인기를 얻었던 「베토벤 바이러스」라는 드라마의 마지막 장면이 떠오른다. 각자 독특한 캐릭터를 가진 여러 단원들과 만나 티격태격하면서 많은 역경을 이겨내고 좋은 음악을 만들어냈을 뿐만 아니라 단원들의 음악에 대한 열정에 다시 불을 붙인 후, 긴 터널을 지나 홀연히 떠나는 주인공의 모습이 매우 인상적이었다. 그런데 이 장면을 보고 섭취한 음식물에서 몸에 필요한 물질과 에너지를 얻은 후 생긴 노폐물을 콩팥이나 땀샘을 통해 밖으로 내보내는 작용인 생명체의 배설을 떠올리는 사람도 있다. 세상에는 참 별의별 사람이 다 있다.

재미있는 이야기뿐 아니라 주요 장면에서 흐르는 음악도 드라마의 인기 비결이다. 즉 드라마가 성공하기 위해서는 뛰어난 배우와 탄탄한 시나리오 외에도 중요한 요소가 있다는 얘기인데, 생명체의 생존을 위해서도 먹는 일과 함께 필수적인 행동이 한 가지 더 있다. 자연 환경에는 우리의 생명을 위협하는 위험요소들이 산재해 있는데, 이들을 감지해 제대로 반응하지 못한다면 생명체는 생존을 보장할 수 없다. 생명체가 치열한 생존경쟁을 뚫고 살아남기 위해서는 앞서 설명한 물질과 에너지 획득 및 생산(물질대사)과 같은 하드웨어적인 능력뿐 아니라 주변 환경의 변화에 적절하게 반응해 대응할 수 있는 소프트웨어적인 능력이 필수적이다. 이런 능력은 감각기관과 신경계에 의해서 통합적으로 이루어진다. 오감(시각, 청각, 후각, 미각, 촉각의 다섯 가지 감각)을 담당하는 감각기관(눈, 귀, 코, 혀, 피부)은 자극의 정보를 수집하고, 중추신경계(뇌와 척수)는 정보를 분석해 명령을 내린다. 말초신경계는 자극을 중추신경계로 전달하고 중추신경계의 결정을 해당 기관에 전달하는 역할을 담당한다.

드라마의 내용과 상관없이 「베토벤 바이러스」라는 제목은 생물학적으로 참으로 절묘하고 적확한 단어의 조합이다. 여기서 '베토벤'이란 단어는 단순히 위대한 작곡가를 넘어서 그가 남긴 명곡들을 뜻하는 것 같다. 현재 지구상에 베토벤(Ludwig van Beethoven, 1770~1827)을 직접 만나본 사람은 아무도 없다. 하지만 그의 음악은 어떠한가? 생존 당시 독일을 비롯한 유럽 국가들에서만 알려졌던 베토벤의 음악이 그가 세상을 떠난 지 180년을 훌쩍 넘겨버린 지금, 사라지기는커녕 오히려 전 세계의 많은 사람들에게 사랑 받고 있다. 이것은 그의 음악이 시공을 뛰어넘어 살아남아(생존), 경우에 따라서는 편곡되기도 하면서(변화 또는 진화), 널리 퍼졌다는(번식) 의미다. 번식과 진화에 관한 한 생물권의 제1인자는 단연코 바이러스다. 음악과 생물이라는 전혀 상반되는 듯한 두 분야의 용어가 만나서 서로의 핵심 주제를 명쾌하게 표현하고 있다는 사실이 흥미로울 뿐이다.

지금까지 이야기하면서 나온 핵심 단어를 나열해 보면, 영양소, 소화, 순환, 호흡, 배설, 적응, 생식 등이다. 그리고 이 단어들이 연결하면 '살기 위해 먹고 생식(번식)을 위해 산다는' 모든 생명체의 공통된 삶의 모습을 그리는 이야기의 줄거리가 된다. 이제 이 이야기 속으로 들어가 보자.

01 예술작품 바이러스

신종 인플루엔자 바이러스(virus)라는 녀석이 전 세계를 전염병의 공포에 떨게 했던 2009년 어느 날, 절친한 철학자 한 명이 진지하게 물어왔다. "생물학에서는 바이러스를 생명체로 간주하나요?" 참으로 난처한 상황이었다. 그의 박식함을 잘 알고 있는 터라, 어줍지 않은 답변이라면 하지 않느니만 못하다는 것을 잘 알고 있었기 때문이다. 그래도 미생물학 교수랍시고 믿고 질문한 친구를 실망시키지는 말아야 할 텐데…, 순간 고민을 하다가 결국 (철학자니깐) 그 스스로 자신이 구하는 답을 찾으리라는 기대 속에 일단 바이러스 전반에 대해 설명을 하면서 그의 반응을 보기로 했다. 잠시 후 나의 이런 얄팍한 계산은 보기 좋게 뒤집어졌고, 그 덕분에 이 이야기도 탄생하게 되었다.

바이러스 존재에 대한 의구심의 발단은 1883년으로 거슬러 올라간다. 그 해에 독일의 과학자 마이어(Adolf Mayer, 1843~1942)가 병든 담배 잎에서 추출한 수액을 건강한 담배 잎에 문지르면 병이 옮겨진다는 사실을 발견했다. 이로부터 9년이 지난 1892년에 러시아의 생물학자 이바노프스키(Dimitri Iwanowski, 1864~1920)는 병든 담배 잎의 수액에 들어있는 병원성 인자는 박테리아(bacteria, 세균)를 거를 수 있는 여과기도 그대로 통과한다는 논문을 발표하였다. 몇 년 후 네덜란드의 식물학자인 베이제린크(Martinus Beijerinck, 1851~1931)는 이렇게 여과된 수액에 있는 병원성 인자가 증식할 수 있다는 사실을 발견하고, 이는 독소에 의한 감염은 아니라는 사실을 밝혀냈다. 베이제린크는 증식 능력이 있는 이 병원성 인자가 박테리아보다 훨씬 더 작고 단순할 것이라는 가설을 세웠고, 이 때문에 그는 훗날 바이러스라는 새로운 존재에 대한 개념을 최초로 소개한 과학자로 인정을 받게 되었다. 그러나 당대 학자들은 당시로서는 최첨단이었던 광학현미경으로 관찰할 수 없는 입자의 존재를 생각할 수 없었던 까닭에 이런 병원성 인자를 감염성 액체(contagium vivum fluidum)라고 기술하였다. 1930년대에 이르러 이를 라틴어로 독을 뜻하는 바이러스(virus)라는 용어로 부르기 시작했고, 마침내 1935년 미국 화학자 스탠리(Wendell Stanley, 1904~1971)가 병든 담배에서 이 병원성 인자를 분리하여 최초로 정제된 인자에 대한 화학적, 구조적 연구를 수행하면서 바이러스의 본질이 밝혀지기 시작했다. 스탠리는 비슷한 시기에 발명된 전자현미경을 이용하여 현재 담배 모자이크 바이러스(tobacco mosaic virus, TMV)로 알려져 있는 이 병원성 인자의 결정체를 확인하였다.

바이러스가 살아 있는 생명체인지 아닌지에 대한 답은 여전히 모호하다. 흔히 바이러스는 세포의 형태를 갖추지 못하고 있다는 이유로 생물로 간주되지 않지만, 살아 있는 생명체(숙주) 안에서는 물질대사[1]와 증식을 수행하기 때문에 분명 무생물도 아니다. 숙주 세포 밖에서 활성이 없는 상태로 존재하는 바이러스는 살아 있는 생명체라 할 수 없다. 그러나 일단 바이러스가 숙주 세포 안으로 들어가면 바이러스 유전자가 활성화되어 바이러스가 증식한다. 따라서 바이러스가 숙주에 감염하여 그 안에서 증식할 때에는 이를 살아 있는 것으로 볼 수 있다.

바이러스의 구조는 극히 단순해서 기본적으로 유전물질(DNA 또는 RNA)과 이를 둘러싸고 있는 단백질 껍데기[전문

1 생명체가 먹이(사람에게는 음식물)에서 에너지를 획득하고 사용하는 과정을 물질대사(metabolism)라고 한다. 다시 말해서 물질대사는 세포 내에서 일어나는 수천 가지의 화학반응과 물리적 활동인데, 한마디로 '세포 안에서 일어나는 물질과 에너지의 흐름'이라고 할 수 있다. 물질대사는 분해과정인 이화작용(catabolism)과 합성과정인 동화작용(anabolism)으로 나눌 수 있다. 이화작용에서는 고분자화합물이 작은 조각으로 분해되면서 에너지가 만들어진다. 이렇게 생산된 에너지를 사용하여 새로운 고분자화합물을 합성하는 과정이 동화작용이다. 결국 이화작용과 동화작용은 에너지를 매개체로 긴밀하게 연결된다.

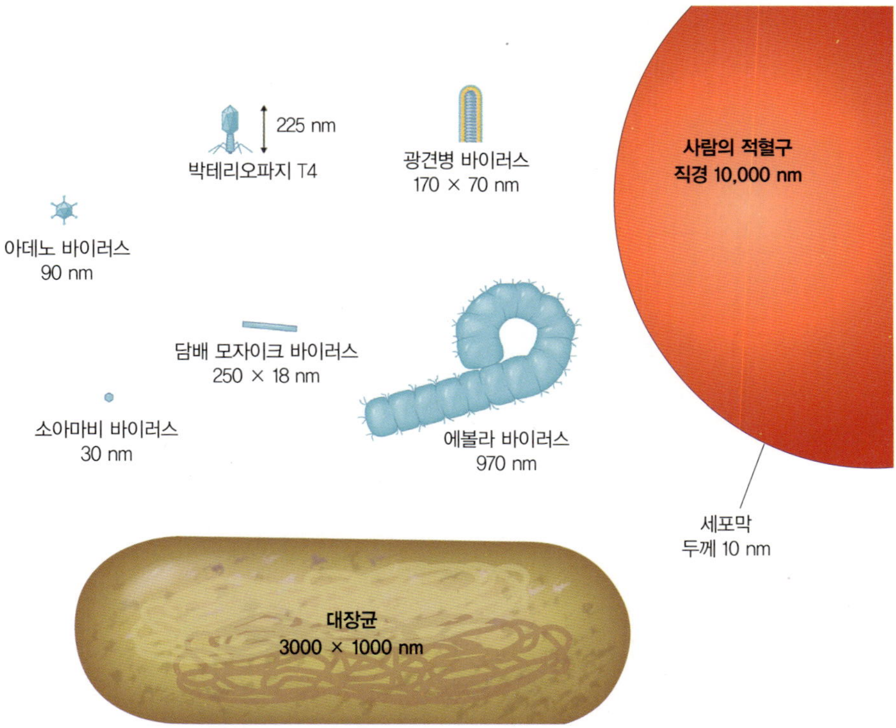

그림 1.1 바이러스의 크기. 1 나노미터(nm)는 10^{-9} 또는 10억분의 1미터(m)이다. 이것은 머리카락 굵기의 10만분의 1에 해당한다.

용어로 캡시드(capsid)라고 한다.]가 전부다. 바이러스는 자기 자신의 물질대사에 필요한 효소를 거의 갖고 있지 않고, 숙주 세포의 물질대사 체계를 강탈하여 증식한다. 이런 특성이 항바이러스 약제 개발에 큰 걸림돌이 된다. 바이러스의 증식을 억제하는 대부분의 약제가 숙주의 기능 또한 억제할 수 있기 때문이다. 바이러스는 껍데기의 모양에 따라 분류할 수 있다. 나선형 바이러스는 긴 막대 모양으로 단단한 것도 있고 유연한 것도 있다. 광견병(공수병)과 에볼라 바이러스 등이 나선형이다. 대개 바이러스의 모양은 다각형인데, 20개의 삼각형 면과 12개의 모서리가 있는 정20면체인 경우가 가장 많다. 소아마비 바이러스가 정20면체 바이러스다. 어떤 바이러스(특히 동물 바이러스)는 단백질 껍데기가 지질이 주성분인 외피로 싸여져 둥근 모양이 된다. 매년 많은 사람들을 괴롭히는 독감 바이러스가 여기에 속한다. 세균 바이러스는 박테리오파지(간단히 '파지'라고도 한다)라고 부르는데, 이들 중 일부는 달착륙선을 연상시키는 모양을 하고 있다.

바이러스는 세균에서 인간에 이르기까지 지구상에 존재하는 모든 생명체에 감염하지만, 보통 그 숙주범위가 매우 좁아서 대부분의 바이러스는 한 종의 숙주에서도 특정한 세포만을 감염시킨다. 우리가 익히 아는 예로 감기 바이러스와 헤르페스 바이러스의 감염 부위는 각각 호흡기와 입술로 분명히 다르다. 심지어 헤르페스 바이러스는 배꼽을 기준으로 위쪽에 발생하는 1형과 아래쪽에 발생하는 2형으로 더 구분된다.

이처럼 일부종사(一夫從事)하듯 바이러스가 특정 숙주 세포에만 집착하는 이유는 바이러스가 숙주 세포에 감염하려면 바이러스 껍데기의 일부분이 숙주 세포 표면에 있는 특정 수용체와 결합해야 하기 때문이다. 쉽게 말해서 속궁합 맞아야 한다는 얘기다. 바람을 피우지 않는 바이러스의 특성이 우리 인간에게는 얼마나 다행인지 모른다. 이 숙주 특이성이 바이러스가 다른 생물종으로 넘어가는 것을 막는 차단벽 역할을 하기 때문이다.

그런데 도대체 바이러스는 어떻게 생겨났을까? 우선 생명체가 단순한 화합물, 즉 무생물에서 시작되었다면 그 과정에 생물로 보기에는 그 특징이 부족하고 무생물로 보기에는 생물의 일부 특징을 지닌 무엇인가가 있었을 것이고 여기서 바이러스가 탄생했을 가능성을 생각해 볼 수 있다. 또 다른 가설은 세포의 유전물질 일부가 세포 밖으로 나와 물리적 보호에 필요한 단백질 껍데기 등을 획득하여 바이러스가 되었다고 설명한다. 그리고 정상 세포가 퇴화해서 유전물질과 단백질 껍데기만 남은 바이러스가 나왔다는 가설도 있다. 이 가설이 나오게 된 배경에는 미생물(세균)을 닮았다는 뜻의 '미미(mimi, mimicking microbe) 바이러스'라는 초대형 바이러스의 발견이 있었다. 미미 바이러스의 DNA는 현재 세균에서 알려져 있는가장 작은 유전체보다 더 크고, 약 1,000개나 되는 유전자를 가지고 있다.

이런 설명에 다 듣고 난 그 철학자의 답변은 이러했다.

"그러니까, 바이러스는 생물도 무생물도 아닌 어중간한 존재, 즉 생명과 무생물의 '경계'에 있는 존재로군요. 다시 말해서 바이러스의 존재방식이 생물학의 분류체계를 통해 쉽게 포착되지 않는다는 얘기군요. 지나친 비약으로 들릴 수도 있지만, 바이러스와 유사하게도 예술작품도 '경계의 존재방식'을 가질 뿐만 아니라 '기생적인 방식'으로 존재합니다. 고립된 상태에서 예술작품은 비활성 상태로 있지만 '숙주'인 인간을 만나면서 생명을 얻지요. '작품이 살아 있다' 혹은 '죽은 작품이다'라는 표현은 이전부터 널리 사용되어 왔는데요, 그러고 보면 생태계처럼 예술계에도 생명과 죽음은 존재합니다. 예술가가 처음 예술작품 바이러스에 감염된 자라면, 감상자는 전염된 숙주로서 예술작품의 생명을 보존하고 유지시키는 존재라고 볼 수도 있지 않을까요?"

애당초 그는 바이러스에 대한 질문이 아니라 기발한 융합의 화두를 던졌던 것이었다!

철학자가 미생물학자에게 들려준 예술작품 이야기

생물학적으로 바이러스는 생명과 무생물의 '경계'에 있다. 경계에 있는 모든 것은 중심에서 멀리 떨어진 것들이다. 다시 말하면 그것들은 중심의 밀집군에서 밀려난 주변자들이고 이방인들이다. 어느 곳에도 소속되지 못한 것들이다. 그래서 정체를 확인할 수 있는 인식목록에서 배제된 것들이기도 하다. 바이러스는 그런 존재다. 생물이기도 무생물이기도 한 존재, 생물도 아니고 무생물도 아닌 존재, 어디에도 깔끔하게 소속되지 않는 존재다. 바이러스는 '이다와 아니다', '있다와 없다'를 넘나드는 독일어의 '가이스트(Geist: 정신 또는 유령)'와 같은 '존재방식'을 가지고 있다.

바이러스는 기존의 생명에 대한 정의를 뒤흔든 주요 생물학적 대상이다. 그리고 딜타이(Wilhelm Dilthey, 1833~1911)는 삶(life)과 정신과학의 중요성을 역설한 철학자며, 하이데거(Martin Heidegger, 1889~1976)는 현대에 존재론을 새롭게 부활시킨 장본인이다. 그런데 이 어울리지 않은 셋의 사이에서는 묘한 접점이 발견된다. 바이러스와 딜타이는 자연과학과 정신과학이라는 커다란 간극 속에서 '삶'이라는 주제로 만나며, 바이러스와 하이데거는 '사이'의 존재론에서 만나고, 딜타이와 하이데거는 철학적인 관점에서 예술을 언급한다는 점에서 만난다.

딜타이는 자연과학이 승승장구하는 시대에, 정신과학의 입지를 마련하고자 했던 철학자다. 감히 어느 누구도 자연과학에 도전할 수 없었던 시대에, 딜타이는 자연과학의 둔탁한 방법만을 가지고서는 인간의 역사적 산물들에 배어 있는 '정신(Geist)'의 섬세하고 미묘한 부분을 놓칠 수밖에 없다고 보았다. 예컨대 누군가 베토벤 음악을 특정한 유형의 주파수 조합으로 설명한다거나, 거기에서 얻는 감동을 신경전달물질의 농도와 함량 정도로 분석한다면, 우리가 듣고 있는 음악과 음악이 주는 감동은 즉시 사라지고 말 것이다. 정신세계는 인간 존재의 고유한 법칙에 따라 움직이는 세계다. 이런 세계를 자연과학적 방법만으로 재단하는 것은 그 세계를 밝히기는커녕, 그 세계현상을 은닉하는 행위다.

딜타이는 수세적으로 정신과학을 옹호하는 데 그쳤다. 하지만 오늘날의 자연과학자는 업그레이드된 과학의 편에서 양자를 통섭(consilience)하고 융합하는 길을 모색하고 있다. 예컨대 도킨스(Richard Dawkins, 1941~)나 블랙모어(Susan Blackmore, 1951~) 같은 과학자들은 다윈의 진화론과 유전학 담론을 바탕으로 문화 창조와 전승을 설명하는 문화적 모방 유전자, '밈(meme)'을 설득력 있게(아쉽게도 여전히 조야하게) 제안하고 있다. 이제 인문학자들이 화답할 차례다.

바이러스는 기생적 존재방식을 가지고 있다. 그것은 숙주를 만나기 전까지 외부 자극에 반응하지도 않고 자기복제도 못하는 무생물처럼 존재한다. 그런 바이러스가 숙주를 만나기만 하면 갑자기 생명체처럼 돌변한다. 숙주에 기생하면서 복제를 거듭하며 자기존재를 확장한다. 그래서 순식간에 인근의 숙주들을 전염시킨다. 시공간을 가로질러 출몰하는 유령처럼, 바이러스는 숙주와 숙주를 옮겨 다니며 그것에 기생한다. 오로지 숙주에 기생함으로써 바이러스는 자기의 존재와 역량을 드러낸다. 예술은 바로 이런 바이러스와 유사한 존재방식을 가지고 있다. 예술작품은 인간 "정신"에 기생하지 않으면, 사물이나 쓸모없는 도구에 불과하다.

예술가가 처음 예술작품 바이러스에 감염된 자라면, 감상자는 예술가를 통해 예술작품 바이러스에 전염된 사람들이다. 동시에 감상자는 바이러스의 숙주로서 예술의 생명을 보존하고 유지시키는 존재이기도 하다. 하이데거가 예술 감상자를 '보존자(Bewahrende)'라고 명명하는 것은 단순한 우연의 일치가 아니다. 예술작품은 자기를 보존해 주는 자를 필요로 한다. 여기에서 작품의 보존이란 한갓 진공 방부 처리 장소에서 행해지는 작품의 물리적 보존을 뜻하지 않는다. 작품의 보존이란 작품에 대한 감상자의 기억이며, 이런 기억은 비유컨대 자신의 몸을 숙주 삼아 작품의 생명을 유지시키는 것을 뜻한다. 이런 의미의 작품 보존은 '작품을 하나의 작품으로 있게 함'이다.

보존자는 작품을 통해 강한 충격을 받는다. 하지만 그 충격은 폭력적인 것이라기보다는 매혹적인 것이다. 그것은 완악한 자기를 벗어나게 하고 강고한 기존의 존재 이해로부터 우리를 해방시킨다. 예술작품은 이처럼 매혹을 통해서 굳어 고정된 시선에게 충격을 가하고 그래서 존재의 풍요로움을 바로 응시할 수 있게 한다. 하지만 이런 작품이 가능하기 위해서라도 창작자와 보존자가 있어야만 한다. 충격과 매혹을 선사하는 작품이 존재할 수 있으려면, 그것을 선사받는 창작자와 보존자 모두가 있어야만 한다. 작품의 존재방식은 바이러스와 같아서 숙주인 인간을 반드시 필요로 한다. 역으로 인간도 작품을 필요로 한다. 작품을 통해서 인간은 세계에 유연하게 응답할 수 있는 존재로 거듭나기 때문이다. 그렇다면 하이데거가 그리고 있는 예술작품과 인간의 관계는 기생체와 숙주의 '공생관계'라고 말할 수 있을 것이다.

철학자와 미생물학자가 함께 도출한 결론

바이러스처럼 예술이 어디에도 깔끔하게 소속되지 않는 '경계(사이)의 존재방식'을 가진다는 점은 이미 몇몇 철학자들로부터 인정되었다. 예컨대 플라톤(Plato, B.C. 427~347)은 감각적인 현실세계와 지성적인 이데아계의 경계로서 예술을 이해하며, 칸트(Immanuel Kant, 1724~1804)는 예술을 이론영역(필연)과 실천영역(자유)의 경계, 그 심연과 같은 지대에 존재하는 것으로 보고 있다. 두 사람 모두 쉽게 규정지을 수 있는 두 세계를 나누는 (동시에 양자를 잇는) 경계 '사이'에 아름다움과 예술을 위치시킨다. 우리는 영감을 나누는 대화를 통해서 예술작품이 어떤 고정된 사물처럼 존재하는 것이 아니라 마치 바이러스가 숙주를 만날 때에만 잠시 생명을 이어가듯이, 예술작품은 살아 있는 인간과의 역사적인 만남을 통해서만 존재할 수 있는 '정신'적 '존재사건'을 뜻한다는 결론을 도출하였다.

베토벤 음악은 어디에 존재하는가? 우선 그것은 '베토벤'

의 흔적인 오선지에 있을 것이다. 하지만 그 오선지는 곧 해석을 주도하는 지휘자와 오직 기표를 소리로 육화시키는 연주자를 만나고, 이어 그들을 통해 구현된 소리와 감상자 개개인이 만난다. 음(音)만을 두고 말하자면, 하나의 악상에 끊임없이 이어지는 '사이'가 접히고 펼쳐지면서 하나의 절묘한 하모니를 이루는 사건이 교향곡(交響曲, sym-phony)으로 탄생한 것이다. 그러나 이 경우 음악은 단순히 음들의 집합체로만 한정되는 것이 아니라, '시간'과 더불어 지휘자, 연주자, 감상자 모두와의 만남에서 발생하는 '사건'으로 보아야 한다. '살아 있는' 인간 정신을 숙주로 삼지 않는 음악은 더 이상 '살아 있는' 음악이 아니기 때문이다.

베토벤이 남긴 음악, 즉 그의 예술작품은 시공을 뛰어넘어 살아남은(생존), 다양한 방식으로 편곡되기도 하면서(변이/진화), 널리 퍼져나갔다. 번식과 변이에 관한 한, 생물권의 제1인자는 단연코 바이러스이며, 인간의 창조한 예술작품도 바이러스의 '시원적인 생태(生態) 모델'을 따른다. 이 점이 우리가 주목하는 예술작품의 존재방식이며, 바이러스의 존재방식과의 유사점이다. 결국 '예술작품 바이러스'라는 용어가 단지 수사적 은유가 아니라 예술과 생명개념 사이의 구조적 동형성에서 나온 융복합적 사유의 결실이다.

02 보고 싶은 욕망

누군가를 또는 무언가를 보고 싶어 하는 것은 인간의 가장 원초적인 욕망 가운데 하나다. 서양 문화의 밑바탕이 되는 그리스 신화에도 이 욕망을 억누르지 못해 비극적 운명을 맞이하는 두 주인공이 있다. 저승에까지 가서 죽은 아내 에우리디케를 되찾은 오르페우스는 지상에 도착하기 전까지는 절대로 뒤따라오는 아내를 돌아보지 말라는 하데스의 명을 어긴 탓에 안타깝게도 아내를 잃고 만다. 프시케는 또 어떤가? 자신의 얼굴을 보려하면 영원히 헤어지고 말 것이라는 연인 큐피드의 충고를 단 한 번 어겼다가 큐피드와의 이별을 감수해야만 했다. 그러나 이런 욕망이 오늘날 우리가 누리는 고도의 문명을 발전시켜온 중요한 원동력이기도 하다. 예컨대 미생물학은 너무 작아서 맨눈으로는 보이지 않는 세상을 보려고 했던 욕망 덕분에 탄생한 학문 분야다.

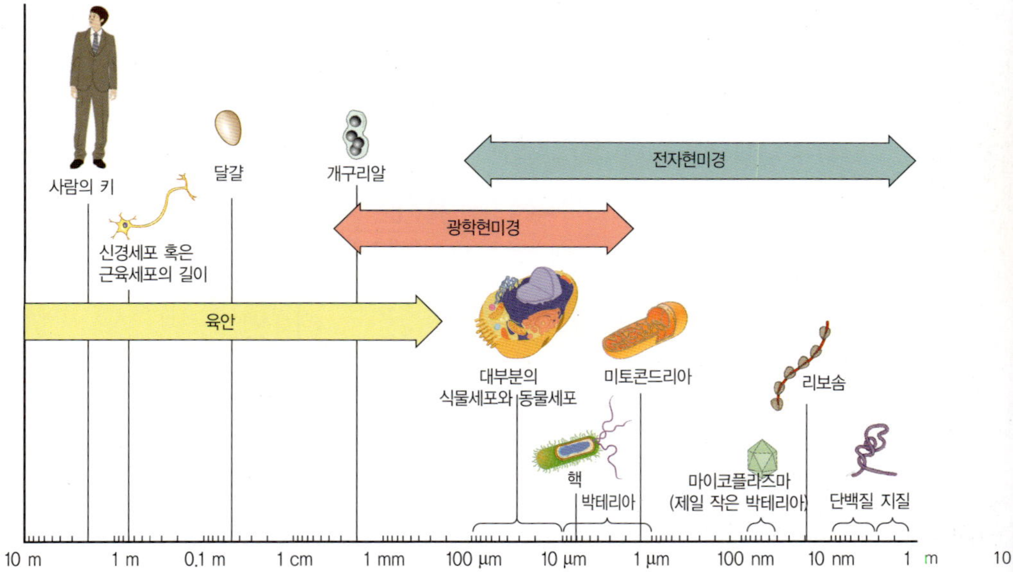

그림 2.1 맨눈과 현미경으로 볼 수 있는 크기 비교

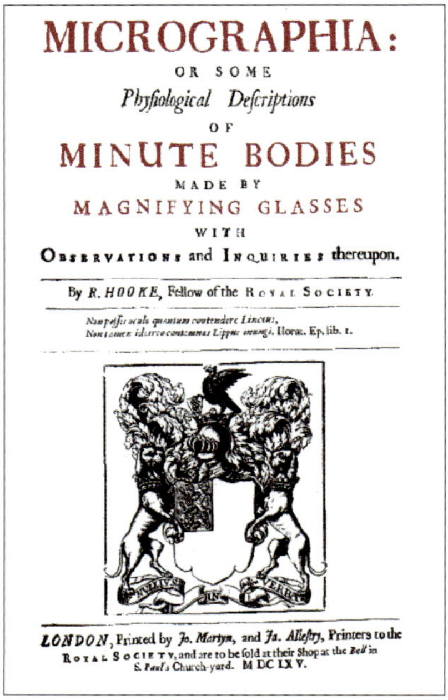

MICROGRAPHIA:
OR SOME
Physiological Descriptions
OF
MINUTE BODIES
MADE BY
MAGNIFYING GLASSES
WITH
OBSERVATIONS and INQUIRIES thereupon.

By *R. HOOKE*, Fellow of the ROYAL SOCIETY.

Non possis oculo quantum contendere Linceus,
Non tamen idcirco contemnas Lippus inungi. Horat. Ep. lib. 1.

LONDON, Printed by *Jo. Martyn*, and *Ja. Allestry*, Printers to the ROYAL SOCIETY, and are to be sold at their Shop at the *Bell* in S. *Paul's* Church-yard. M DC LX V.

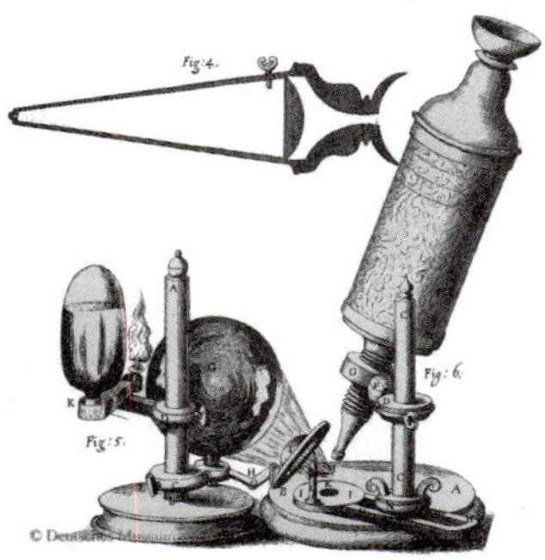

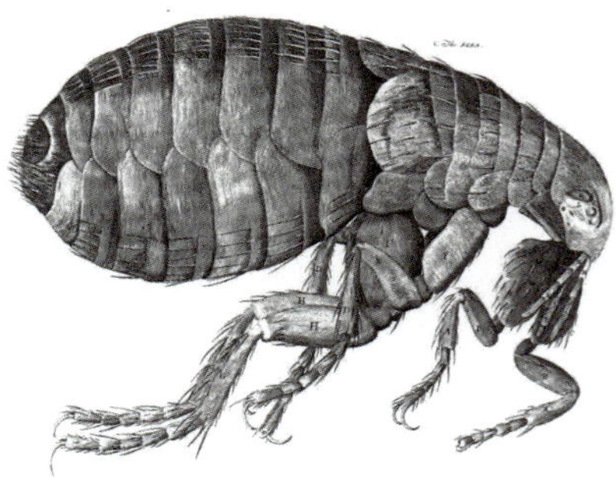

그림 2.2 갓 서른이 된 새내기 교수 로버트 후크가 펴낸 「마이크로그라피아(Micrographia)」라는 책 표지와 그의 현미경, 그리고 직접 그린 벼룩 그림

1665년 9월 어느 날 영국

보이지 않는 세상을 담은 화제의 그림책을 보고 열광하는 사람들

타고난 능력에 엘리트 교육을 받은 젊은 과학자 후크는 기존의 복합현미경을 개선하여 직접 만든 최첨단(?) 현미경을 통해 코르크 조각이, 빽빽하게 붙어 있는 수많은 작은 방들로 이루어져 있음을 보았다. 후크(Robert Hooke, 1635~1703) 자신은 몰랐겠지만, 살아 있는 모든 것은 세포로 구성되어 있다는 '세포설'이 시작되는 역사적인 순간이었다. 세포의 영단어인 cell은 작은 방이라는 뜻의 라틴어인 *cella*에서 유래했다.

모든 세포는 세포막을 가지고 있어 내부와 외부 환경을 분리시킨다. 일차적으로 세포막을 통하여 필요한 영양분이 유입되고 노폐물과 기타 세포 생성물이 배출된다. 세포막 안쪽은 세포질이라고 부르는 복잡한 혼합 물질로 채워져 있다. 또한 식물 세포와 거의 대부분의 미생물 세포에는 세포벽이 존재하여 세포의 구조의 강도를 더해 준다.

세포는 내부구조에 따라 원핵세포와 진핵세포로 구분할 수 있다. 진핵생물의 세포는 다양한 세포내 소기관을 가진 구획된 구조를 가지는데, 마치 여러 층과 방을 가진 고층 건물 같은 구조라고 할 수 있다. 그 구조에 약간의 차이가 있을 수 있으나 식물과 곰팡이, 사람을 포함한 동물들은 모두 같은 진핵세포 구조를 가진다. 반면, 원핵생물의 세포는 구획이 나누

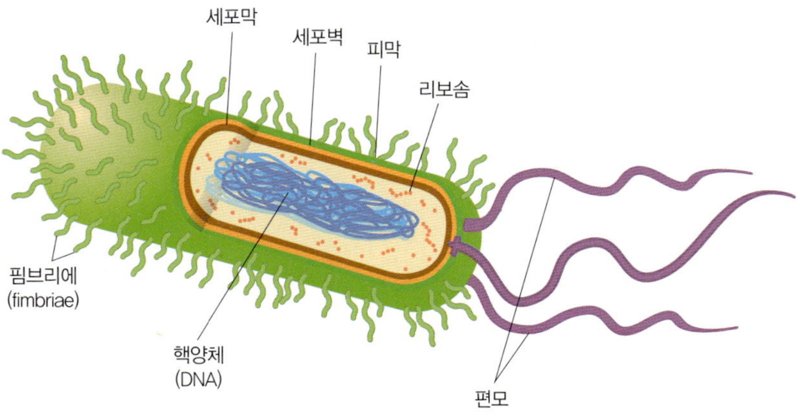

그림 2.3 원핵세포의 구조

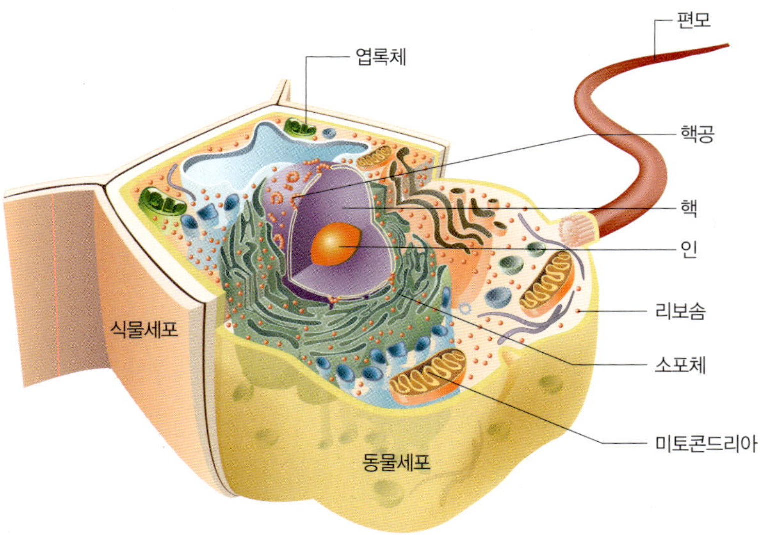

그림 2.4 식물세포와 동물세포를 절반씩 조합한 모식도

어져 있지 않은 매우 단순한 구조로서 넓은 강당에 비유할 수 있다. 원핵세포에는 심지어 핵막도 없어서, 유전물질인 DNA가 단백질 합성을 담당하는 리보솜과 함께 세포질에 떠 있는 상태다(그림 2.3). 진핵세포에서 미토콘드리아나 엽록체 같은 세포내 소기관이 수행하는 기능을 원핵세포에서는 세포막이 담당한다(그림 2.4). 진핵세포(10~100㎛)가 야구 경기장만한 크기라면 원핵세포(0.1~10㎛)는 투수 마운드 정도의 크기이고 바이러스의 크기는 야구공 정도로 가늠할 수 있다.

1668년 네덜란드

「마이크로그라피아」를 읽고 호기심을 불태우는 30대 중반의 직물상

어려서 아버지를 여읜 레벤후크(Anton van Leeuwenhoek, 1632~1723)는 어려운 가정형편으로 제대로 된 정규 교육을 받지 못했다. 10대 중반에 포목상에서 도제 생활을 했고, 이때 유리를 입으로 불어 기구를 만드는 기술도 배웠다. 20대 초반에 고향인 델프트(Delft)로 돌아와 직물 장사를 시작하며 비단 상인의 딸과 결혼하게 되면서 안정된 삶이 시작되는 듯하였으나, 안타깝게도 5명의 자녀 중 4명을 어린 나이에 잃고 아내마저 그가 34세가 되던 1666년에 세상을 떠나고 만다. 사랑하던 이들과의 이별의 슬픔을 달래기 위해 떠났던 것이었

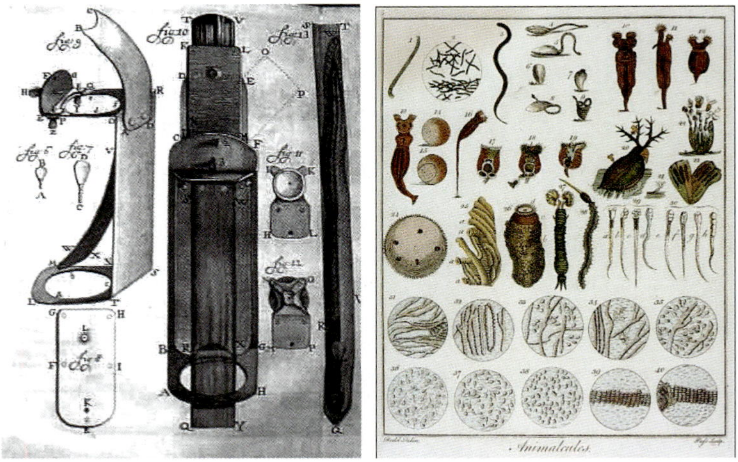

그림 2.5 레벤후크의 현미경 설계도와 그가 관찰한 다양한 극미동물

그림 2.6 베르메르의 '진주 귀걸이를 한 소녀'

을까? 단 한 번 다녀온 1668년의 영국 여행에서 그 당시 베스트셀러인 「마이크로그라피아」를 접하고는 현미경을 통해서 본 미시 세계에 푹 빠지게 되었다. 여행에서 돌아온 레벤후크는 '보이지 않는 것을 보고 싶은 욕망'을 충족시키고자 렌즈 제작에 몰두하였다.

그 당시의 대다수 과학자들은 작은 곤충이나 나뭇잎과 같이 잘 알려진 것들을 확대해서 보는 데 만족하고 있었다. 그러나 레벤후크는 더 작은 것을 보고 싶었다. 예를 들어 매운 고추를 먹었을 때 혓바닥이 따가운 이유는 고추에 들어 있는 눈에 보이지 않는 날카롭고 뾰족한 물질이 혀를 찌르기 때문일 것이라는 다소 어린아이와 같은 상상을 하고 고추 즙을 내어 이것을 현미경으로 보고자 하였다.

레벤후크가 현미경을 처음으로 발명한 사람은 아니었지만, 그의 렌즈 제작 기술은 당대 최고 수준이었다. 사실 레벤후크는 직물을 거래할 때, 돋보기를 사용하여 재질을 검사하곤 했기 때문에 렌즈에 친숙했었고, 장사를 하면서도 렌즈와 금속의 정밀 가공 기술을 틈틈이 익혀 왔었다. 역시 네덜란드 사람으로 안경 제작자였던 얀센(Zaccharias Janssen, 1585~1632)은 1600년경에 처음으로 렌즈 두 개를 둥근 통에 고정시켜 현미경을 만들었다. 그러나 이러한 초기 복합현미경은 품질이 좋지 않아서 세균을 비롯한 작은 미생물을 관찰하는 데에는 사용할 수가 없었다. 레벤후크는 자신의 탁월한 렌즈 연마 기술을 발휘하여 300배 정도까지 확대해서 볼 수 있는 렌즈를 만들고 이를 이용하여 현미경을 만들었는데, 겉모습만 보면 현미경보다는 돋보기에 가까워 보인다.

레벤후크는 자신이 만든 확대 렌즈를 통해 후크가 보았던 세포보다 10배는 더 작은 살아 있는 생물들을 관찰할 수 있었다. 완벽을 추구했던 레벤후크는 현미경 렌즈에 잡힌 이 작은 생물들을 화가들의 도움을 받아 정밀하게 묘사했고 이를 '극미동물(animalcule)'이라고 불렀다(그림 2.5). '진주 귀걸이를 한 소녀'를 그린 베르메르(Johannes Vermeer, 1632~1675)가 레벤후크의 동갑내기 동네 친구였다고 한다. 1673년부터 1723년까지 50년에 걸쳐 레벤후크는 빗물과 자신의 대변, 노인의 치아에서 긁어낸 찌꺼기 등에서 발견한 극미동물의 자세한 그림에 설명을 덧붙여 런던 왕립학회로 편지를 보냈다. 편지를 받은 영국 왕립학회는 레벤후크라는 아마추어의 발견이 사실인지를 놓고 논란에 휩싸였다. 결국 최종 확인은 다름 아닌 로버트 후크가 맡았고 그는 레벤후크의 발견이 사실임을 인정했다. 그리고 1680년 영국 왕립학회는 정규 학력이 없음에도 불구하고 레벤후크를 회원으로 추대했다. 후크와 마찬가지로 레벤후크도 자신이 수천 년간 내려온 자연발생설이라는 거대한 오해의 장벽을 무너뜨리는 원동력이 될 것이라는 사실을 몰랐을 것이다.

어떤 논쟁

전혀 생각하지 못했던 미시 생물의 세계가 발견된 후, 사람들은 이들의 기원에 대해 흥미를 갖기 시작했다. 오늘날 우리에게는 터무니없는 이야기지만, 19세기 후반까지도 보통 사람들은 말할 것도 없고 많은 철학자와 심지어 일부 과학자들까지도 생명의 어떤 형태는 무생물에서 저절로 우연하게 생겨난다고 믿었고, 이 과정을 '자연발생(spontaneous generation)'이라고 그럴싸하게 불렀다. 쉽게 말해서 200여 년 전 만해도 사람들이 생쥐까지도 저절로 탄생할 수 있다고 흔히 믿었고, 나름대로의 근거를 가지고 있었다. 쌓아둔 퇴비에서 파리가 나오고 구더기는 썩어가는 동물의 사체에서 항상 꾸물꾸물 기어 나왔다. 게다가 생물학의 시조로 여겨지는 아리스토텔레스도 무척추동물뿐만 아니라 고등 척추동물도 자연발생한다고 주장하지 않았던가! 심지어 17세기 화학자이자 의사였던 벨기에의 헬몬트(Jan Baptist Van Helmont, 1579~1644)는 쥐를 만드는 방법을 남기기까지 했으니, 당시에 자연발생이 의심할 여지가 없는 사실로 받아들여진 것은 이상한 게 아니라 오히려 당연한 일이었을 것이다. 사실 헬몬트는 유명한 '버드나무 실험'[2]을 통해 광합성과 관련하여 중요한 업적을 남긴 인물이다.

2 큰 화분에 버드나무를 심기 전에 이 나무와 들어갈 흙의 무게를 각각 재고, 5년 동안 물만 주고 키운 다음에 다시 버드나무와 흙의 무게를 측정했다. 그 결과, 버드나무는 많이 자라서 훨씬 더 무거워졌는데 흙의 무게는 거의 변화가 없었다.

1668년 이탈리아의 의사인 레디(Francesco Redi, 1626~1697)가 최초로 자연발생에 대한 의문을 공식적으로 제기했다. 그는 구더기가 썩은 고기에서 저절로 생기지 않는다는 것을 증명하기로 결심하고, 두 개의 단지에 고기를 담았다. 하나는 뚜껑을 덮지 않았고 다른 하나는 단단히 밀봉을 하였다. 예상한 대로 열린 단지의 고기에서만 구더기가 나왔다. 자연발생을 믿는 사람들은 신선한 공기가 없어서 그렇다고 주장했다. 이에 맞서 레디는 두 번째 실험을 했는데, 이번에는 밀봉 대신 가제로 단지를 덮었다. 공기가 공급되었음에도 불구하고 구더기는 보이지 않았다. 당연한 결과가 아닌가! 파리가 고기에 알을 남길 수 없었을 테니 말이다. 레디의 실험 결과는 생물이 저절로 생겨난다는 오랜 신념에 심각한 타격을 주었다. 하지만 당시의 많은 학자들은 여전히 레벤후크가 발견한 극미동물, 즉 지금은 미생물이라고 부르는 작고 간단한 생물은 무생물 물질에서 발생할 만큼 충분히 단순하다고 믿었다. 그런 와중에 1745년 영국인 니담(John Needham, 1713~1781)이 고깃국을 끓인 다음에 용기에 담아 뚜껑을 닫아도 국물이 곧 미생물로 가득해지는 것을 발견하고, 고깃국에서 저절로 미생물이 나왔다고 주장했다. 자연발생에 대한 믿음이 오히려 강화되는 듯하였다.

이로부터 약 20년 후 이탈리아의 스팔란자니(Lazzaro Spallanzani, 1729~1799)는 니담이 국물을 끓인 다음에 공기에서 미생물이 들어갔을 것이라고 하였다. 스팔란자니는 밀봉

한 상태로 끓인 고깃국에서는 미생물이 생기지 않음을 보여 주었다. 이에 대해 니담은 끓이는 과정에서 자연발생에 필요한 생명력(vital force)이 파괴되었는데, 밀봉 때문에 공기에서 이것이 보충되지 못했다고 반박했다. 스팔란자니의 실험이 있은 후 얼마 되지 않아서 라부아지(Anton Laurent Lavoisier, 1743~1794)가 산소가 생물이 생명유지에 꼭 필요하다는 것을 보여 주면서, 이 보이지 않는 생명력은 더욱 신빙성을 얻었고 그렇게 논쟁은 계속되었다.

논쟁의 종결자

1668년 레디의 실험으로 시작되어 190년 동안이나 계속된 자연발생을 둘러싼 논쟁에 대한 해결의 실마리를 제공한 사람은, 1858년에 살아 있는 세포는 살아 있는 기존의 세포에서만 생길 수 있다는 '생물속생(biogenesis)'을 주장한 독일의 피르호(Rudolf Virchow, 1821~1902)였다. 그러나 아쉽게도 피르호는 생물속생 개념을 설명할 수 있는 실험 증거를 제시하지 못했고, 또다시 3년이 지나갔다. 드디어 1861년에 프랑스의 파스퇴르(Louis Pasteur, 1822~1895)가 마침내 자연발생 논쟁의 엉킨 실타래를 풀어냈다. 지금으로서는 허무맹랑한 자연발생설 논쟁이 끝나는 데에 무려 200년에서 불과 7년이 모자라는 시간이 걸렸다. 생각해 보면, 2천년 이상 뿌리를 깊게 내

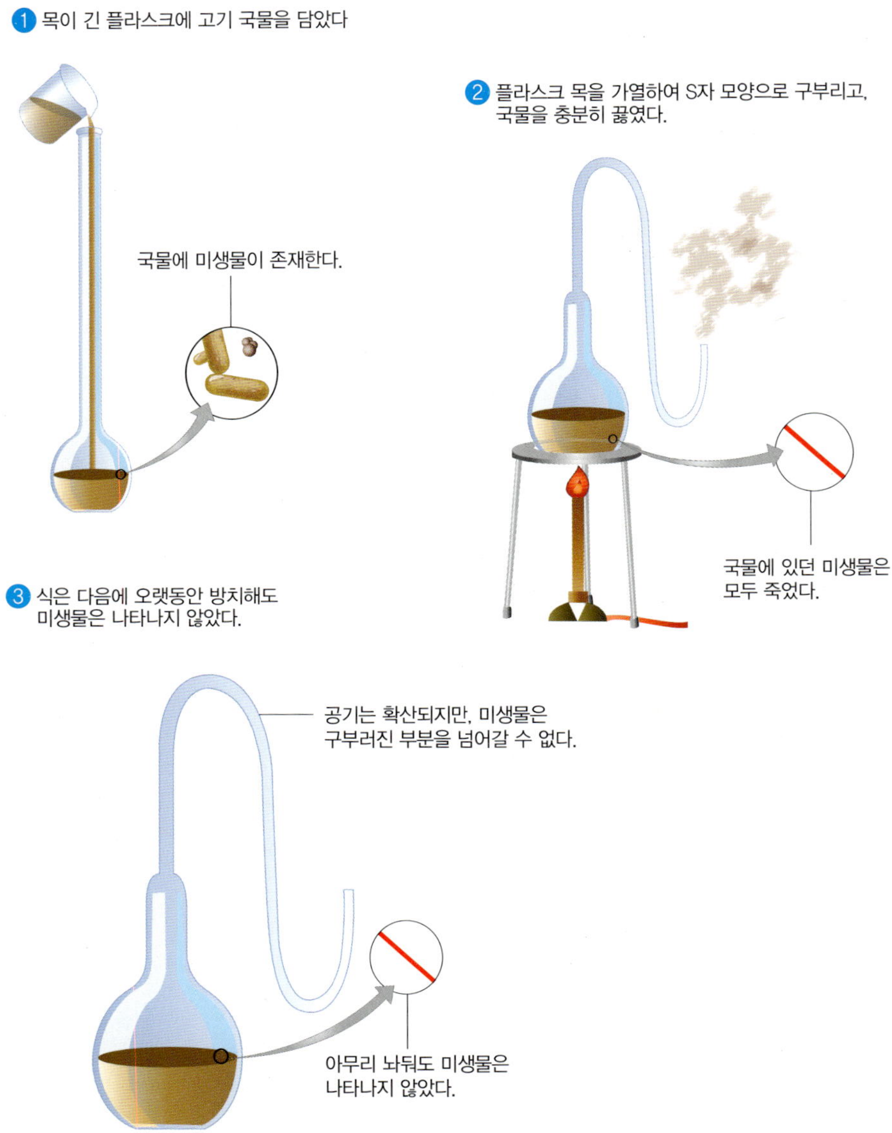

그림 2.7 파스퇴르의 백조목 플라스크(swan neck flask) 실험

렸던 고정 관념을 깨는 데 걸린 시간 치고는 그렇게 오래 걸린 것도 아니다.

파스퇴르는 간단하지만 기발한 아이디어로 생명력의 부재라는 지적을 앞세워 공격해오는 자연발생설 옹호자들이 고개를 숙이게 했다. 파스퇴르는 공기 중에 수많은 미생물이 존재하고 이들이 멸균된 용액에 들어와 증식을 하는 것이지, 공기 그 자체가 미생물을 생성하는 것이 아님을 분명하게 보여 주었다. 파스퇴르는 먼저 보통 플라스크에 고깃국을 채워 끓인 다음, 일부는 열어둔 채로 다른 일부는 뚜껑을 덮어 식도록 놔두었다. 며칠이 지나자 뚜껑을 덮지 않은 플라스크에서는 미생물이 자랐지만, 입구를 막은 플라스크에는 미생물이 전혀 생기지 않았다. 이렇게 스팔란자니의 실험을 재현에 성공함으로써 공기에 있는 미생물이 고깃국을 오염시키는 주범이라는 확신을 갖게 된 파스퇴르는 목이 긴 플라스크에 고기국물을 넣고 목을 S자 모양으로 구부렸다. 그러고 나서 이 플라스크에 있는 내용물을 끓였다 식혔다. 플라스크에 있는 고깃국에서는 몇 달이 지나도 아무런 생명의 징후가 보이지 않았다. 파스퇴르의 독창적인 실험 장치의 핵심은, 생명력이 있다고 여겨지는 공기는 플라스크로 자유롭게 들어가지만, 공기 중 미생물은 구부러진 목 부위를 넘어갈 수 없게 했다는 점이다. 다시 말해서 공기는 확산되지만 미생물은 중력을 거슬러 올라갈 수 없기 때문이다. 하찮아 보이는 미생물조차도 생명력과 같은 신비로운 힘에서 기원하는 것이 아님이 명확해졌다. 오히려 생물이 없어 보이는 환경에서 자연발생처럼 보였던 생물의 출현을 공기나 그 환경 자체에 이미 존재했던 미생물의 탓으로 돌릴 수 있게 되었다. 이렇게 자연발생설은 폐기되었고 200년 논쟁은 끝이 났다.

봇물이 터지다

자연발생설을 사멸시킨 파스퇴르의 연구를 시작으로 이후 50여 년에 걸쳐 미생물에 대한 중요한 발견이 꼬리에 꼬리를 물며 이어졌다(이 기간을 '미생물학의 황금기'라고도 한다). 그 중에서도 질병을 예방하고 치료할 수 있는 길을 연 업적, 즉 질병과 병원체의 관계에 대한 이해가 단연코 눈길을 끈다. 많은 위대한 발견이 사소하고 우연한 사건으로 시작했듯이, 어느 날 파스퇴르를 찾아온 양조업자가 미생물과 질병 사이의 관계 규명이라는 큰 과학적 발전의 도화선이 되었다. 이번에도 역시 정작 당사자 자신은 몰랐겠지만.

빚은 술을 오랫동안 보관하고 먼 지역에도 공급해서 팔고 싶었던 그 양조업자는 파스퇴르에게 와인과 맥주가 상해서 시큼해지는 이유를 알아내 달라고 부탁했다. 이때까지 대부분의 과학자들은 공기가 와인이나 맥주에 들어 있는 당분을 알코올로 전환한다고 믿고 있었다. 그러나 파스퇴르는 공기가 아니라 효모(이스트)라는 미생물이 공기가 없는 상태에서

당을 알코올로 전환한다는 것을 알아내었다. 우리가 익히 알고 있는 발효 과정이다. 시어짐과 부패, 발효 모두 또 다른 미생물인 여러 종류의 세균에 의해 일어난다. 공기(엄밀히 말하면 산소)가 있으면 세균은 알코올을 식초(초산)로 변환시킨다.

이제 맥주와 와인의 맛을 변질시키는 주범을 찾아냈으니, 문제의 해결 방법은 의외로 간단해 보인다. 푹 끓이기. 상상해 보시라! 음주 운전의 걱정을 날려버린 무알코올 맥주와 와인의 맛을. 원치 않는 미생물을 없애려고 무턱대고 열을 가하면 빈대 잡겠다고 초가삼간을 태우는 격이 될 것이다. 따라서 해결의 열쇠는 맥주와 와인의 풍미는 유지하면서 변질을 유발하는 미생물을 죽일 수 있을 정도로만 적절히 가열하는 것이었고, 파스퇴르는 그 조건을 알아냈다. 파스퇴르법(pasteurization, 저온살균법이라고도 한다)이라고 부르는 이 과정은 부패를 줄이고 술과 우유 등에서 유해 미생물 제거를 위해 현재에도 흔히 사용하는 방법이다.

파스퇴르 시대 이전에도 여러 질병 치료 방법이 많은 시행착오 속에서 발견되기는 하였지만, 정작 그 병의 원인은 몰랐다. 효모가 발효를 일으킨다는 사실을 알게 되자 저절로 일어나는 줄로 생각했던 주변의 변화들과 보이지 않는 미생물을 연결시키기 시작했다. 일부 과학자들은 질병도 같은 맥락으로 생각하여, 미생물이 질병을 일으킨다는 '미생물 병원설(germ theory of disease)'을 제안하였다.

2천여 년 동안 질병은 개인이 저지른 죄악과 악행의 대가

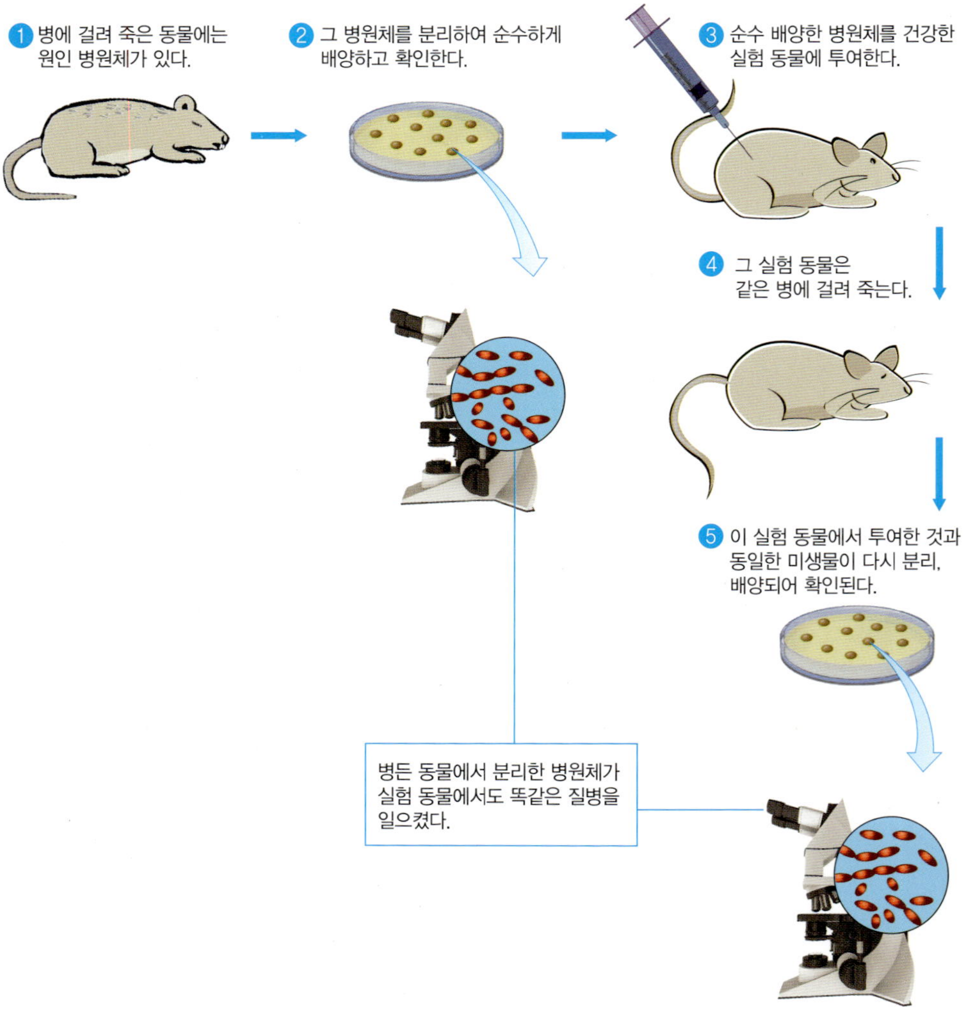

그림 2.8 탄저병의 원인을 밝혀낸 코흐의 실험

로 받는 천벌이라고 믿었기에 당시의 사람들 대부분은 미생물 병원설은 쉽게 받아들일 수가 없었다. 한 동네에 아픈 환자들이 갑자기 많이 생기면 보통 사람들은 악마가 시궁창이나 습지에서 악취의 형태로 나와서 병을 일으킨다고 믿을 정도였으니, 보이지 않는 미생물이 공기를 떠다니며 동식물을 감염시키고 옷과 음식 등에 남아 있다가 한 사람에서 다른 사람으로 전달된다는 이야기에 어떻게 수긍할 수 있었겠는가? 그러나 이러한 조롱 섞인 의심에도 불구하고 과학자들은 미생물 병원설이라는 신 개념을 뒷받침할 정보를 차츰 쌓아가고 있었다.

미생물이 질병을 일으키는 원인임을 확실하게 밝힌 사람은 독일의 코흐(Robert Koch, 1843~1910)였다. 의사였던 코흐는 유럽에서 소와 양에게 치명적인 탄저병의 원인을 밝히는 경쟁에서 프랑스의 파스퇴르와 라이벌 관계에 있었다. 1876년, 탄저병으로 죽은 가축의 피에서 막대 모양의 세균(탄저균, *Bacillus anthracis*)을 발견한 코흐는, 그 이듬해에 이 막대균이 탄저병에 걸린 동물의 피에서는 항상 관찰되지만 건강한 동물의 혈액에는 없다는 논문을 발표하였다. 그러나 특정 세균의 존재는 그 병으로 인한 결과일 수도 있기 때문에 이것만으로 세균이 질병의 원인이라고 단정할 수는 없는 노릇이었다. 그래서 코흐는 좀 더 적극적인 실험을 했다. 즉 탄저병에 걸려 죽은 동물의 피를 뽑아서 건강한 동물에 주사한 것이다. 코흐의 예상대로 그 동물은 탄저병으로 죽었다. 그는 이 실험을 여러 번 반복했고, 항상 같은 결과를 얻었다. 과학적 증명의 타당성을 판단하는 가장 중요한 기준 가운데 하나가 해당 실험 결과의 반복성(재현성)이다. 여기서 그치지 않고 코흐는 병들어 죽은 동물의 피에 있는 막대균을 동물의 몸이 아닌 인공배지에서 여러 세대에 걸쳐 키우는 데 성공하였고, 이렇게 배양된 세균이 여전히 동일한 탄저병을 일으킨다는 것을 증명하였다.

코흐가 발견한 내용을 정리해 보면, 1) 특정 질병에 걸린 모든 동물의 몸에는 동일한 병원체가 발견되어야 하고, 2) 병에 걸린 동물에서 원인 미생물을 분리하여 순수하게 배양할 수 있어야 하며, 3) 배양된 미생물을 건강한 실험동물에 주입하면 같은 질병을 일으켜야 하고, 4) 그 미생물이 감염된 실험동물에 있어야 한다는 것이다(그림 2.8). 이를 '코흐 원칙(Koch's postulates)'이라고 부르는데, 감염성 질병의 원인을 밝히는 연구의 기본 틀이 되었고 오늘날에도 역학 조사에서 중요한 길잡이 역할을 한다. 하지만 이 원칙을 모든 경우에 적용할 수 있는 것은 아니다.

많은 병원성 미생물은 아주 까다로운 조건을 맞추어 주어야만 자란다. 어떤 것들은 아예 인공배지에서는 자라지 않는다. 대표적으로 맹독성의 매독균과 한센병(나병)의 원인균 등이 이런 부류에 속한다. 또한 절대기생성 세균류와 바이러스 병원체들도, 숙주 세포 내에서만 증식하기 때문에 인공배지에서 배양되지 않는다. 어찌 보면 이런 병원성 미생물의 배양이 어렵다는 것은 무척이나 다행스러운 일이다. 키우기 쉽다는 것은 아무 데에서나 잘 자랄 수 있다는 얘기니까 말이다. 무심코 뱉은 침 속에 있는 맹독성 병원균이 길바닥에서 마구 자란다면… 생각만 해도 소름이 끼친다. 또한 일부 감염성 질병은 몇 가지 다른 병원체에 의해 생길 수 있으며 그 증상도 모두 같다. 그리고 결핵균처럼 여러 기관(폐, 피부, 뼈, 내장 등)에 병을 일으킬 수 있는 병원성 미생물도 코흐 원칙에서 벗어난다. 무엇보다도 코흐 원칙을 논할 때 윤리적인 문제를 빼놓을 수 없다. 에이즈를 일으키는 인간 면역결핍 바이러스(HIV)처럼, 어떤 병원체는 사람에게만 병을 일으키고, 그 외 다른 알려진 동물 숙주가 없다. 감염된 혈액의 수혈과 같은 의료사고로 인해 코흐 원칙의 세 번째를 확인시켜 주는 안타까운 일이 간혹 생기기는 하지만, 코흐 원칙을 확인하겠다고 HIV를 건강한 사람에게 의도적으로 감염시키는 일을 상상조차 할 수 없는 일이다.

전쟁의 시작

미생물과 질병 사이의 관계가 확립되자, 그 다음 목표는 감염된 동물이나 사람에게 손상을 주지 않고 병원성 미생물을 파괴할 수 있는 방법을 찾아내는 것이었다. 이를 알리는 신호탄은 독일의 세균학자인 에를리히(Paul Ehrlich,

1854~1915)가 쏘아 올렸다. 의대생 시절부터 환자에게는 해가 없고 병원균만을 죽일 수 있는 '마법 탄환(magic bullet)'에 대해 생각했던 에를리히는 수백 개의 물질을 조사하다가, 1910년 606번째 실험에서 마침내 매독을 치료할 수 있는 약물 합성에 성공했다. 살바르산(Salvarsan; 사람을 구한다는 뜻의 salvation과 비소를 뜻하는 arsenic의 합성어)이라고 명명된 이 약물은 한 순간 쾌락의 대가로 받았던 잔혹한 형벌에서 인류를 구해냈고, 페니실린이 나올 때까지 약 30년간 매독 치료제로 사용되었다.

살바르산과는 대조적으로 최초의 항생제[3]는 우연히 발견되었다. 1929년 스코틀랜드 의사이자 세균학자인 플레밍(Alexander Fleming, 1881~1955)은 연구를 위해 세균을 배양하던 배지에 곰팡이가 자란 것을 보고 버리려다가 흥미로운 광경을 목격했다. 푸른 곰팡이로 오염된 주위로는 세균이 자라지 않았던 것이다. 이후에 이 곰팡이에는 페니실리움 크리소게눔(*Penicillium chrysogenum*)이란 이름이 붙여졌고, 1928년 플레밍은 이 곰팡이가 분비하는 세균 성장 저해제를 페니실린이라고 불렀다. 그러나 플레밍은 페니실린을 질병의 치료가 아니라, 그의 연구에서 세균의 성장 조절에 사용할 생각을 했다고 한다. 이런 이유로 페니실린은 발견된 지 10여 년이 지나서야 비로소 실용화되었고, 대량 생산은 1941년 미국에

3 항생제(antibiotics: 미생물이 자연적으로 생산하는 물질로 다른 미생물을 선택적으로 억제하거나 죽인다)

서 처음으로 성공했다. 그리고 페니실린은 제2차 세계대전에 참전하여 혁혁한 공을 세운다. 노르망디 상륙작전에 처음으로 투입되어 부상당한 연합군 장병들이 세균에 감염되는 것을 막아줌으로써 연합군의 전쟁 승리에 크게 기여한 것이다. 이뿐만 아니라 페니실린은 매독과 임질 등을 비롯한 많은 전염성 질병 치료에도 탁월한 효능을 보였다.

페니실린의 뒤를 이어 수많은 마법 탄환이 줄지어 발견되면서, 곧 인류는 병원성 미생물과의 전쟁에서 완승을 거둘 것이라는 기대감과 자만심을 갖게 되었다. 그러나 미생물은 생각처럼 그렇게 만만한 상대가 아니었다. 불의의 일격을 받았던 그들이 전열을 정비하여 '항생제 내성'이라는 엄청난 무기로 무장을 하고 반격에 나선 것이다. 문제는 이들에 맞서 싸울 탄환이 점점 소진되고 있다는 것이다. 미생물이 내성을 획득하는 속도가 새로운 항생제를 개발하는 속도보다 훨씬 빨랐던 것이다. 급기야 현재 사용할 수 있는 모든 항생제에 내성을 가지는 슈퍼박테리아(Super Bacteria)까지 등장하는 상황에 이르렀다. 시름은 깊어지고 머리는 복잡해진다. 분명한 사실은 미생물에 맞서는 우리의 전략과 자세를 획기적으로 바꾸어야만 한다는 것이다.

잊고 있었던 사실

현재까지 발견된 최고(最古)의 생명체 화석은 35억 년 전쯤의 세균의 것이다. 최초의 생명체가 정확하게 언제 탄생했는지는 모르지만 세균을 비롯한 미생물들이 적어도 35억 년 동안 생명의 진화를 주도해왔다는 것은 확실하다. 가장 혁신적인 사건은 산소 발생형 광합성 미생물의 출현이다. 이로 말미암아 무산소 상태의 환원형 대기가 점점 산화형 대기로 변화됨에 따라 산소를 이용하여 호흡하는 생물의 진화가 가능해졌다. 화석 기록 증거에 의하면 지구 대기 중에 산소가 축적되는 시점부터 다양한 생물체들이 급속도로 나타나기 시작하였다. 즉 미생물이 없었다면 지구상의 다양한 삶은 애당초 시작되지도 못했을 것이라는 사실이 확증된 셈이다.

생각해 보면 미생물학은 미생물과의 전쟁을 통해서 발전해온 학문이다. 그리고 이 전쟁은 지금도 진행 중이고 인류가 존재하는 한, 앞으로도 계속될 것이다. 그러니 대부분의 사람들이 미생물을 전염병과 연관시켜 우리의 생명을 호시탐탐 노리는 살인마로 생각하는 것이 어쩌면 당연하다는 생각이 든다. 우리 세상에도 선한 사람만이 살고 있는 것이 아니듯이 미생물의 세계에도 못된 것(병원성 미생물)들이 있고, 이들이 인류의 보건에 위협이 된다는 것도 분명한 사실이다. 그렇지만 극소수 병원성 미생물의 해악이 너무 부각되어 인간에게 도움을 주는 대다수의 미생물이 함께 매도되는 것은 바람직하지 않다. 미꾸라지 한 마리가 물을 흐린다는 속담처럼 몇 종류의 병원성 미생물 때문에 '균(菌)'자가 붙은 모든 미생물을 병원체로 오해하는 일은 없어야 한다.

다양한 대사 능력 덕분에 심해의 화산 분화구에서 동물의 소화관에 이르기까지 미생물은 지구에 존재하는 생물 중 가장 널리 퍼져 있으며, 미생물의 다양성은 지구상 다른 모든 생물의 다양성을 합친 것보다도 크다. 그러나 이 많은 미생물 중에 현재의 기술로 배양할 수 있는 것은 약 1퍼센트에 불과하다. 자연계에는 아직 우리가 접하지 못한 무수한 미지의 미생물들이 있다. 인간이 환경을 침범해 나가면서 더 많은 생물들에게 영향을 미치게 되고 또한 이를 파괴하게 되며, 나아가 우리가 모르는 사이에 미생물 세상의 균형에 문제를 일으킬 수 있다. 우리는 미생물의 세계 안에서 살아간다. 우리가 무엇인가를 하면 그들은 변화하고, 그러면 다시 우리가 변화하게 된다. 이러한 미생물과의 조화는 인간이 존재하는 한 계속될 것이다. 분명한 사실은 미생물 없는 삶은 곧 종말이라는 것이다. 미생물은 우리가 함께 할 수 없는 적이 아니라 함께 해야만 하는 동반자다. 이것이 다음 이야기의 주제다.

03
현미경으로 본 인간의 조건

이 이야기의 중심에는 현미경이 있다. 맨눈으로는 볼 수 없는 작은 세상을 확대해서 보여 주는 이 기구를 통해 색다른 관점에서 인간을 바라보려고 한다. 좀 과하지 않나 싶은 부분이 있을 수도 있지만, 약간 별난 미생물학자의 주장을 끝까지 들어보고, '인간이란 무엇인가?'라는 아주 오래된 질문에 대한 답을 곱씹어 생각해 보시기 바란다. 생각거리는 그야말로 풍부하다. 왜냐면 사실 이 답을 찾기 위해서 지난 2,500여 년 동안 수많은 철학자들이 골몰해왔음에도 불구하고 아직 완벽한 답은 없는 실정이기 때문이다.

정상 미생물상

미생물의 입장에서 보면 우리 몸은 거대한 서식지다. 평소에 도움을 주거나 별 문제를 일으키지 않고 우리 몸에 거의 영구적으로 사는 미생물들을 정상 미생물상(normal microbiota)이라 한다. 우리 몸에는 인간의 세포 수보다 최소한 10배 더 많은 미생물들이 살고 있다. 보통 성인이 약 100조 개의 세포로 구성되어 있다고 보면 우리는 최소한 1,000조에 달하는 미생물 세포를 함께 가지고 있는데, 그 무게가 2~3kg에 달한다. 몸무게가 많이 나가서 스트레스를 받고 계신 분에게는 자동 체중 감량에 해당하니, 희소식일 수도 있겠다. 그러나 정상 미생물상 없이는 채 일주일을 버티기 어려우니 이들을 나의 일부로 받아들일지 남으로 여길 것인지는 각자의 판단에 맡기기로 한다.

사람의 몸에 살고 있는 전체 미생물을 분석하는 인체 미생물군집 프로젝트(Human Microbiome Project)가 2007년에 시작되었다. 그 목표는, 미생물군집의 변화가 사람의 건강 및 질병과 어떠한 연관성을 가지는지 파악하는 것이다. 사람의 미생물군집은 예상보다 더 다양한 것으로 알려지고 있는데, 사람의 대장에만 최소한 1,000종 이상의 다양한 미생물이 사는 것으로 밝혀졌다. 그런데 흥미로운 사실은 우리가 어머니 뱃속에서 자랄 때에는 무균 상태라는 것이다. 그렇다면 이렇게 많은 미생물들이 도대체 어디서 왔을까?

표 3.1 인체 정상 미생물상의 분포 양상

서식 부위	주요 서식 미생물
피부	
• 피부는 많은 미생물에 직접 노출되지만, 땀샘과 피지샘 분비물의 항미생물 활성과 낮은 수분 함량, 산성 조건 등 때문에 미생물이 쉽게 자랄 수 없다. • 피부의 케라틴 성분도 미생물을 막는 물리적 장벽 역할을 한다.	포도상구균, 코리네박테리움, 프로피오니박테리움, 미구균, 아시네토박터, 브레비박테리움 등
눈(결막)	
• 피부의 연속인 결막(눈꺼풀의 안쪽과 안구의 흰 부분을 덮고 있는 얇고 투명한 점막)의 정상 미생물상은 기본적으로 피부와 같다. • 눈물과 눈 깜빡거림이 미생물을 제거하거나 서식을 억제한다.	포도상구균, 코리네박테리움, 프로피오니박테리움, 미구균, 아시네토박터, 연쇄구균 등
코와 상부 호흡계	
• 일부 정상 미생물상이 잠재 병원성이지만, 이는 미생물간 경쟁 등에 의해 감소된다. • 콧물은 항미생물 효과가 있고, 섬모 작용과 함께 미생물을 제거한다.	포도상구균, 연쇄구균, 헤모필루스 등
입	
• 수분이 많고, 따뜻하며, 늘 음식이 들어오므로 혀와 치아, 잇몸 등은 다양한 미생물이 대량 서식하기에 좋은 환경이다. • 저작 작용과 혀의 움직임, 침 등이 미생물을 제거한다. • 침에는 여러 항미생물 물질이 들어 있다.	연쇄구균, 락토바실러스, 방선균, 박테로이데스, 베이요넬라, 헤모필루스, 푸소박테리움, 포도상구균, 코리네박테리움 등
대장	
• 대장은 따뜻하고 수분과 양분이 많아 우리 몸에서 가장 많은 미생물이 서식한다. • 점액이 분비되고 내벽이 정기적으로 떨어져나가 미생물이 위장관 내벽에 부착하지 못하도록 하며, 점액에는 여러 항미생물 물질이 들어 있다. • 설사로 정상 미생물상의 일부가 씻겨 나가기도 한다.	대장균, 박테로이데스, 푸소박테리움, 락토바실러스, 장내구균, 비피더스균, 엔테로박터, 프로테우스 등

표 3.1 인체 정상 미생물상의 분포 양상(계속)

서식 부위	주요 서식 미생물
비뇨 생식계 (구조는 128쪽 그림 7.6 참조)	
• 남녀 모두 하부 요도에 정상 미생물상이 있다. • 질 분비물이 산성이기 때문에 질 내에는 산성에 강한 미생물들이 서식한다. • 점액이 분비되고 내벽이 정기적으로 떨어져나가 미생물이 내벽에 부착하지 못하도록 한다. • 오줌은 산성이고 요소가 항미생물 활성을 가지며, 배뇨 시 물리적으로 미생물을 제거한다. • 섬모와 점액이 미생물을 자궁 경부에서 질 쪽으로 내보내며, 질 내 산성 환경이 미생물을 성장을 억제하거나 죽인다.	요도: 포도상구균, 미구균, 장내구균, 박테로이데스, 슈도모나스, 프로테우스 등 여성의 질: 락토바실러스, 연쇄구균, 클로스트리듐, 칸디다 알비칸스 (진균), 트리코모나스 (원생동물) 등

미생물은 우리가 세상 데뷔 무대에 나설 때, 제일 먼저 나와 환영해 준다. 분만과정에서 산모가 엄청난 산고를 치르는 동안 아이는 산도(産道)를 지나며 거기에 살고 있는 미생물을 온몸으로 맞이한다. 세상에 나온 다음부터는 자기를 보듬어 주는 사람과 음식 등을 통해 주변 환경으로부터 다양한 미생물을 받아들인다. 따라서 여러 환경에 따라 접하는 미생물이 달라지는 것이다. 예를 들어 제왕절개로 태어난 아이와 자연분만된 아이는 처음부터 다른 미생물을 접하게 된다. 그 밖에도 수유 방법이나 탄생 직후에 접하는 환경 요인이 아기의 초기 미생물 집단 형성에 매우 중요한 영향을 미친다. 실제로, 최근에는 제왕절개로 태어난 아기가 자연 분만된 아기에 비해 감염 등에 훨씬 더 취약하다는 연구 보고가 잇따르고 있고, 모유수유를 통해서 엄마는 아기에게 좋은 모유뿐만 아니

라 좋은 미생물을 전달한다는 사실도 밝혀진 상태다. 이러한 연구 결과들은 자연분만과 모유수유, 엄마와 아기의 살갗 닿기 등을 통해 만들어지는 착한 미생물 집단이 아기가 건강한 성장발육을 할 수 있는 몸바탕, 즉 체질 형성에 중요함을 입증하는 것이다. 그러고 보니 '날 때부터 지니고 있는 몸의 생리적 성질이나 건강상의 특질'이라는 국어사전의 체질 정의가 새삼스레 과학적으로 이해가 된다. 날 때부터 우리가 지니게 되는 것은 부모에게서 받은 유전자와 미생물이니 결국 체질은 유전자와 미생물의 합작품이라 재정의 할 수 있겠다. 이것은 매우 중요하고 다행스러운 일이다. 왜냐하면 체질이란 것이 일단 타고난 후에는 교환 불가능한 유전자에 의해서만 결정되는 것이었다면 이의 개선은 원천적으로 불가능했을 뻔했기 때문이다. 반대로 말하면, 미생물을 통한 체질 개선이 가능하다는 뜻이다.

정상 미생물상과 인간 사이의 관계

앞서 말한 대로 사람은 태어나기 전 자궁 내에서는 무균 상태다. 출산 직전에, 산모의 질 내 락토바실러스(젖산균)가 급속히 증식한다. 따라서 신생아가 처음으로 접촉하는 미생물은 주로 이 락토바실러스이며, 신생아의 장 속에 지배적인 미생물이 된다. 아이가 자라면서 음식물 등을 통해 더 많은 미생물들이 외부 환경에서 몸 안으로 들어오게 된다. 정상 미생물상이 일단 확립되면 이들에게는 우리의 몸이 서식지이자 식량 공급원이기 때문에 이들은 자신의 집과 먹이를 보호하기 위하여 외부 미생물의 침입을 방어하고 해로운 미생물이 과하게 증식하는 것을 막는다. 이 덕분에 우리도 보호를 받게 된다. 정상 미생물상이 경쟁자들을 불리하게 만드는 전략은 양분을 두고 경쟁하거나, 침입한 미생물에게 해로운 물질을 생산하거나, 해당 서식지의 환경을 변화시키는 것 등이다.

만약 정상 미생물상과 해로운 미생물 사이의 균형이 뒤집히면, 질병이 생기게 된다. 예컨대 성인 여성 질의 정상 미생물상은 해당 부위를 산성 조건으로 유지하는데, 이 덕분에 칸디다 알비칸스(*Candida albicans*) 진균이 과다 증식하지 못한다. 그러나 정상 미생물상과 병원균 사이의 균형이 깨지면 상황이 뒤바뀐다. 실제로 항생제나 과도한 질 세정 등에 의해 정상 미생물상이 제거되면, 중성 환경으로 바뀌게 되어 칸디다 알비칸스가 늘어나 질염이 생길 수 있다. 이런 미생물 사이의 경쟁 사례는 대장에서도 볼 수 있다. 대장균은 박테리오신(bacteriocin)이라는 항미생물 단백질을 만들어, 동일 또는 유사 종에 속하는 병원성 세균의 증식을 억제한다.

장을 튼튼히 하는 것이 건강의 기본이라고 한다. 섭취한 음식물의 소화를 완결하고 각종 영양분을 혈액 내로 흡수하여 온몸으로 퍼질 수 있게 하는 기관임을 생각하면 절로 고개가 끄덕여진다. 마찬가지로 여기는 미생물에게도 고온다습하고 먹이가 풍부한 것이 흡사 지구의 열대우림과도 같아 아주 좋은 서식지이여서 우리 몸에서 미생물(대부분 세균)이 가장 많은 살고 있는 곳이다. 중요한 사실은 장내세균 집단의 구성과 우리의 장 건강이 긴밀하게 연결되어 있다는 것이다. 예를 들어 경구용 항생제를 장기간 복용하면 병원균뿐만 아니라 정상 장내세균 집단에도 손상을 주게 되는데, 이들이 제대로 복원되지 않으면 다른 잡균들이 빈자리를 차지하게 되어 해로운 변화를 초래하고 질병을 일으킬 수도 있다. 즉 장내세균들이 자신들의 보금자리를 지켜내는 것이 우리 장 건강의 선결조건이라는 얘기다.

장내세균의 구성은 개인이 먹는 음식에 따라 달라진다. 고기를 즐겨 먹는 사람은 야채를 좋아하는 사람보다 단백질 분해 능력이 강한 장내세균을 많이 가지고 있다. 유산균이 풍부한 음식은 일차적으로는 건전한 장내세균 집단의 복원 및 유지를 도와서, 이차적으로는 우리의 건강에도 이로움을 주게 된다. 이러한 사실을 이미 알아서였을까? 다양한 발효 음식을 개발하여 후손들에게 남겨주신 우리 조상들 덕분에 우리나라 사람은 튼튼한 장을 유지시켜 주는 건강식을 매일 먹을 수 있게 되었다. 각종 김치와 젓갈류, 된장, 고추장에다 식혜와 막걸리까지 발효음식을 빼고 나면 우리 고유 음식 중 남아 있는 것이 거의 없을 정도다. 이런 맥락에서 패스트푸드와 서구식을 즐기는 우리의 변화된 식습관과 염증성 장질환 환자의 증가가 무관하지 않은 것 같다.

미생물을 이용한 첨단 치료

복통과 설사, 혈변 등이 주요 증상으로 나타나는 염증성 장질환은 발병 원인이 아직 분명히 밝혀지지 않은 난치성 질환으로 정확한 진단과 그에 따른 적절한 내·외과적 치료가 필요하다고 한다. 최근에는 이를 치료하기 위하여 생태학적 접근이 이루어지고 있는데, 그 첨단(?) 치료법의 핵심은 마치 정상적인 음식물 섭취가 어려운 환자에게 영양주사를 놓는 것처럼 좋은 미생물을 대장에 직접 넣어주는 것이다. 그런데 불행하게도 현재의 기술로 배양할 수 있는 미생물은 자연계에 존재하는 것의 1%에도 못 미치기 때문에 좋은 장내 미생물의 선별이 불가능하다. 그래서 생각해낸 기발한 대안이 건강한 사람의 장내 물질, 즉 '똥' 이식이다.

기존의 모든 치료법이 실패한 경우, 당사자들의 동의하에 사전 검사를 통해 선택된 건강한 공여자(일반적으로 친지나 배우자)의 변을 내시경을 이용하여 이식한다고 한다. 상당히 혐오스러운 방법이라고 생각되지만 그 치료 효과가 좋다고 하니, 더럽다고 얼굴을 찌푸리기보다는 앞서가는 생각으로 만약을 대비해서 건강할 때 내 것을 좀 받아 잘 보관해 두는 것이 현명할 선택일 수도 있겠다. 그냥 웃자고 하는 실없는 얘기가 아니다. 2014년 3월에 미국 보스턴에 정자은행, 혈액은행 등에 이어 드디어 '똥' 은행이 공식 출범했으니 말이다.

OpenBiome(www.openbiome.org)은 만성 염증성 장질환

으로 고통받는 사람들을 구하려는 친지들의 열망에 과학자들의 호기심이 합쳐져 만들어진 비영리기관이다. 의료 현장에서 직면하는 장애 요소를 줄여 안전한 분변 미생물상 이식(fecal microbiota transplantation, FMT) 치료 확대와 장내 정상 미생물상 연구 지원을 위하여, FMT에 필요한 최적의 분별을 선별하여 이를 필요로 하는 의료 및 연구진에게 공급하는 것이 OpenBiome의 중요한 역할이다. 2014년 6월까지 바로 사용이 가능한 냉동 분변 시료 300여 개를 39개의 병원에 공급하였다.

2013년에는 앞선 이야기에서 소개했던 코흐 원칙에 의거하여 '비만'이라는 질병의 원인 세균을 최초로 규명한 연구 성과를 알리는 논문이 유명 학술지에 실렸다. 결론부터 얘기하면 뚱뚱한 사람의 대장에서 분리한 특정 세균을 무균쥐에 주입하였더니 그 쥐도 살이 쪘다는 것이다. 무균쥐란 태어나면서부터 사육되는 전 기간 동안 미생물과의 접촉을 완전히 통제하여 장을 비롯한 몸 전체에 미생물이 전혀 없는 쥐를 말한다. 이 연구진은 체중이 무려 174.8kg인 남성의 장내 미생물을 조사하여 비만을 유발할 것으로 예상되는 세균인 특정 엔테로박터가 전체 장내 미생물의 약 35%나 차지하고 있음을 알아냈다. 이어서 연구진은 통곡물과 프리바이오틱스[prebiotics, 장내 유용 미생물의 성장 및 활성을 촉진하여 숙주의 건강에 도움을 주는 식품성분: 우리의 건강에 유익한 효과를 나타내는 미생물을 일컫는 프로바이오틱스(probiotics)와 혼동하지 말자]를 조합한 식단을 23주간에 동안 이 남성에게 제공하였는데, 그 결과는 실로 놀라웠다.

23주 후에 이 남성의 몸무게는 무려 51.4kg이나 줄었고, 비만 원인균으로 지목된 세균은 감지되지 않는 수준으로 떨어졌다. 그뿐만 아니라 이 환자를 괴롭혔던 고혈당과 고혈압도 거의 정상 수치로 회복되었다. 특정 질병에 걸린 환자의 몸에서 병원체가 발견되어야 한다는 코흐 원칙 첫 번째를 만족시킨 것이다. 연구진은 이 세균만을 분리 · 배양하였고(코흐 원칙 두 번째), 이 원칙의 세 번째를 만족 여부를 확인하려는데 문제가 생겼다. 코흐 원칙대로라면 건강한 사람에게 이 세균을 투여해야 하는데, 이것은 절대로 불가한 일이기 때문이다. 그래서 이 세균을 섞은 사료를 무균쥐에게 주었고, 그랬더니 그 쥐가 비만해졌다. 그리고 이 쥐의 장에서는 이 세균이 검출되었다(코흐 원칙 네 번째). 세균과 비만 사이의 인과 관계가 확인된 것이다. 결국 장내 미생물 집단을 잘 조절하면 비만을 비롯한 여러 질병을 예방 또는 치료할 수 있다는 얘기다.

최근에는 장내 미생물들이 단순히 비만뿐 아니라, 심지어는 사람의 기분까지도 좌우한다는 연구결과들이 보고되고 있다. 우리 몸에서 신경전달물질(neurotransmitter, 뇌를 비롯하여 체내의 신경세포에서 방출되어 인접해 있는 신경세포 등에 정보를 전달하는 일련의 물질)을 합성하는 데에 필요한 원료 물질의 90%를 장내 미생물이 생산한다고 한다. 이쯤 되면 누가 누구를 조종하는 것인지 분간이 되지 않는다. 예상컨대, 앞으로 인간의 유전자 정보뿐 아니라, 장내 미생물 정보에 따라 맞춤형

식단과 의약품 등을 먹는 시대가 곧 올 것이다.

인간의 조건

일찍이 고대 그리스의 철학자 아리스토텔레스는 '인간은 사회적 동물이다'라고 했다. 인간은 사회를 떠나 혼자서는 살 수 없다는 뜻이다. 사실 인간 세포와 이보다 최소한 10배나 많은 다양한 미생물 이루는 세포의 사회가 우리 몸의 본 모습이다. 유전자로 따지면 정상 미생물상의 유전자가 인간 유전자의 100배를 넘어선다. 한마디로 우리는 '초개체(superorganism)'다. 초개체는 약 100년 전에 미국의 곤충학자 휠러(William M. Wheeler, 1865~1937)가 개개의 흰개미 능력의 총합보다 훨씬 탁월한 흰개미 집단의 능력을 지칭하기 위해 만든 용어다. 결혼한 세 쌍 중 한 쌍꼴로 이혼을 한다는 오늘날 대한민국의 슬픈 통계 수치 앞에서 '죽음이 우리를 갈라놓을 때까지'라는 영원한 사랑의 서약 문구가 공허하게 들리면서 오히려 이 문구는 미생물과 우리의 관계에 더 잘 어울린다는 생각을 해본다. 미생물 없이 우리는 일주일도 채 버티기 힘들다. 우리에게 진정한 인생의 반려자이자 조력자인 미생물과 함께 조화 속에 살아가야 한다. 그들은 우리가 어떻게 하느냐에 따라 아름다운(美생물), 맛있는(味생물) 또는 귀찮고 하찮은(微생물) 존재로 다가올 것이다.

04
킬러와 원시인

생물학이 자연과학 내에서 독립적인 분과 학문으로의 위치를 확고히 잡기 시작한 20세기 초반 한 영국 학자가 이런 말을 했다. "자연은 동사 먹다의 능동형과 수동형으로 이루어진다."(The whole nature is a conjugation of the verb to eat, in the active and passive. – William R. Inge, 1860~1954). 1990년 대중의 인기를 끌었던 우리나라의 시인은 "살아 있음이 어떤 죽음의 일부이듯이 죽음 또한 살아 있음의 연속인가"라는 읊조림으로 생물학의 핵심을 더 멋지게 요약했다. 그렇다. 우리네 삶은 주검을 통한 타자의 죽음을 담보로 하고 있다. 괴이하게 들릴 수도 있겠지만, 생물학적으로 엄밀하게 말하면, 우리가 매일 마주하는 밥상은 다양한 생명체 시체들의 전시장이다. 그것도 '짝짝 찢어지어 내 몸은 없어질 지라도'라는 우리 가

표 4.1 쌀, 라면, 돼지고기 100g의 열량과 탄수화물, 지질, 단백질 함량

	탄수화물(g)	지질(g)	단백질(g)	열량(kcal)
쌀	79.6	1.0	6.8	366
라면	65.8	15.0	8.3	520
돼지고기(등심)	미량	19.9	17.4	262

곡 「명태」의 노랫말처럼 엄청나게 훼손된, 파격적인 가사 때문에 1952년 초연 때 엄청난 혹평을 받았다고는 하지만, 이 노래는 우리 모두가 '킬러'라는 불편한 생물학적 진실을 잘 설명하고 있다. 최근에는 "씹고 뜯고 맛보고 즐기고"라는 잇몸 치료약의 광고 문구가 이를 다시금 확증해 주었다.

한국보건산업진흥원이 발간한 2005년 계절별 영양조사 보고서에 따르면 여름철 한국인 에너지 섭취 3대 식품은 1위인 쌀에 이어 라면, 돼지고기가 2, 3위를 차지했는데, 이들 식품에 포함된 주요 영양소는 표 4.1과 같다. 이 표를 보고 두 가지 의문이 생긴다. 각 항목 수치의 합이 왜 100g이 되지 않는가? 그나마 쌀과 라면은 대충 90g이라도 되는데, 돼지고기는 40g도 채 안되니 말이다. 그리고 쌀과 라면은 총량이 거의 비슷한데도 불구하고 라면의 열량은 왜 이리 높은가?

생명체의 3분의 2는 물이고, 쌀과 라면은 거의 건조 상태라는 사실을 상기하면 첫 번째 의문은 쉽게 풀린다. 두 번째 의문에 대한 해답은 탄수화물과 단백질은 1g당 4kcal, 지질은 그 두 배가 넘는 9kcal의 에너지를 낸다는 사실에서 찾을 수 있다. 라면의 경우, 쌀에 비해서 탄수화물은 약 14g 적지만,

반대로 지질이 14g 더 많은 것이 총열량이 높아진 주된 이유다. 이처럼 에너지원으로 이용되는 탄수화물과 단백질, 지질을 주영양소(3대 영양소)라 하고, 에너지원은 아니지만 우리 몸의 생리 기능 조절에 필요한 비타민, 무기 염류, 물 등을 부영양소라고 한다.

달콤한 맛을 주는 탄수화물

탄수화물은 이름 그대로 탄소와 수소, 산소로 이루어진 화합물이고 이들의 비율은 거의 1:2:1이다. 포도당과 과당, 갈락토오스 등과 같이 가장 간단한 당인 단당류(monosaccharide)는 연료와 탄소 공급원 역할을 한다. 단당류 두 개가 결합하면 맥아당이나 설탕 같은 이당류(disaccharide)가 만들어진다. 대부분의 탄수화물은 간단한 당이 반복되어 연결된 긴 사슬 형태의 다당류(polysaccharide)이다. 탄수화물은 일반적으로 식물에서는 다당류인 녹말로, 동물에서는 다당류인 글리코겐으로 저장된다. 식물 세포벽은 주로 구조 다당류인 셀룰로오스(섬유소)로 되어 있다.

사람의 몸은 대략 물 66%, 단백질 16%, 지질 13%, 무기 염류 4%, 탄수화물 0.6%, 기타 0.4%로 구성되어 있다. 탄수화물의 대부분은 쌀과 밀가루 등에 들어 있는 녹말과 같은 다당류 형태로 섭취되지만, 과일에 있는 과당과 포도당 또는 우

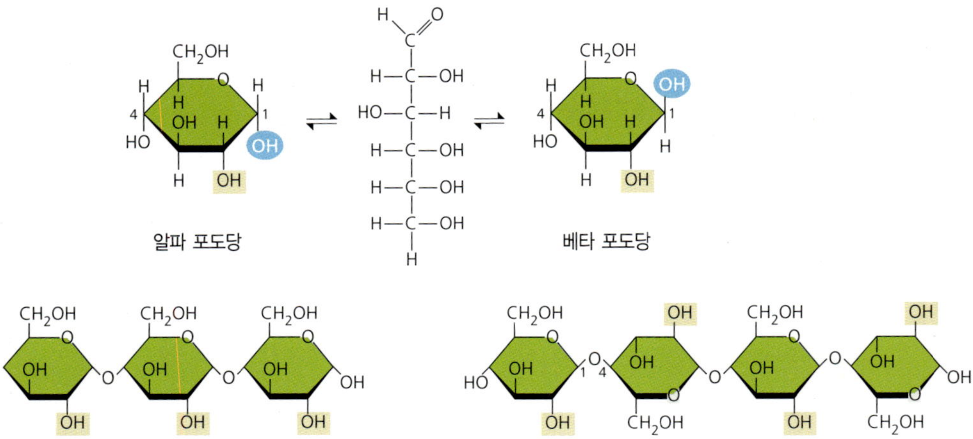

그림 4.1 녹말과 셀룰로오스의 차이

유 속의 젖당처럼 단당류나 이당류의 형태로 우리 몸에 들어오기도 한다. 앞서 언급한 보고서에 의하면 한국인의 99.1%가 쌀을 하루 한 번 이상 먹는다고 한다. 여기서 또 다른 의문이 생긴다. 탄수화물 덩어리인 밥을 매일 먹는데 탄수화물은 몸 전체의 1%에 미치지 못하는 것일까?

탄수화물은 우리 몸에서 에너지를 만드는 데 가장 먼저 이용되는 영양소다. 밥의 주성분은 녹말인데, 대표적인 단당류인 포도당(葡萄糖)으로 이루어진 다당류다. 혹시라도 포도당을 보고 포도송이를 떠올리는 독자가 있을 수도 있다는 노파심에서 한마디 덧붙인다. 포도당은 식물이 공기에 있는 이산화탄소와 뿌리에서 흡수한 물을 재료로 햇빛을 에너지원으로 이용해서 합성하는 탄수화물이다. 이 과정이 지구에 사는 거의 모든 생물의 식량 공급원인 광합성이며 보통 다음과 같이 나타낸다.

$$6CO_2 + 6H_2O + \text{빛에너지} \rightarrow C_6H_{12}O_6 + 6O_2$$

단위체가 연결되는 방식만 다를 뿐, 녹말과 섬유소의 단위 구성 성분은 모두 포도당이다. 포도당이 고리 구조를 이룰 때 1번 탄소에 붙은 수산기(−OH)가 고리 평면을 기준으로 위쪽 또는 아래쪽에 위치할 수 있어서, 그림 4.1에서 보는 바와 같이 두 가지 모양[알파(α) 또는 베타(β)]의 포도당 고리가 형성될 수 있다. 녹말을 이루는 포도당은 모두 알파 형태인 반면, 섬유소는 베타 포도당으로만 구성된다. 이 때문에 녹말에서는 모든 포도당이 같은 방향으로 연결되어 있지만, 섬유소의 포도당은 인접한 포도당에 대해 뒤집힌 형태를 취하게 된다.

인간을 비롯한 동물은 식물의 저장성 다당류인 녹말을 섭취하여 주요 에너지원으로 이용한다. 그러나 알파 포도당이 연결된 결합을 가수분해하여 녹말을 소화하는 효소는 섬유소의 베타결합은 공격할 수가 없기 때문에 우리는 섬유소를 소화하여 영양소로 이용할 수 없는 것이다. 그러고 보니 다이어트 열풍을 타고 잘 알려진 식이섬유소의 인기 비결은 바로 소화되지 않아 영양소로서의 가치가 없다는 것 아닌가! 많이 먹어도 칼로리 흡수가 없어 살찔 걱정이 없을 테니. 물론 음식을 통해 섭취된 섬유소는 소화관을 통과하면서 소화관 벽을 자극하여 점액의 분비를 촉진함으로써, 음식물이 소화관을 부드럽게 통과할 수 있도록 하는 등 우리 건강을 위해서 중요한 역할을 한다. 그런데 소처럼 자연 상태에서 풀만 먹는 반추동물은 어떻게 살 수 있느냐고 반문하는 독자가 있을 것이다. 좋은 질문이다. 반추동물의 경우에는 위에 서식하는 여러 종류의 미생물들이 섬유소 분해를 대신해주며, 그 대가로 미생물들은 서식지와 양분을 얻게 되는 것이다. 우리는 자연의 오묘한 조화에 그저 감탄할 뿐이다. 정리해 보면, 모든 생명체가 이용하는 에너지의 근원은 태양에너지이며 생산자(주로 식물)가 이를 화학에너지 형태로 바꾸어 줌으로써 살아갈 수 있는 것이다. 이 과정에서 에너지는 궁극적으로 열로 전환되어 방출된다. 우리 몸의 따스한 온기가 확실한 증거다.

고소한 맛을 주는 지질

지방을 건강의 적으로 생각하는 사람들이 많은데, 문제는 지방 자체가 아니라 지방의 양이다. 정확한 표현은 지방이 아니라 지질이다. 지질에는 지방, 인지질, 스테로이드 등이 있는데, 음식물로 섭취되는 지질은 대부분 지방이다. 지방은 중요한 에너지원일 뿐만 아니라 우리 몸의 단열재 역할도 한다. 인지질은 세포막을 비롯한 모든 생체막의 주성분이고, 대표적인 스테로이드인 콜레스테롤은 모든 동물 세포막에 공통으로 들어 있는 성분이다(그림 4.2). 특히 척추동물의 성 호르몬을 포함해 많은 호르몬이 콜레스테롤에서 만들어진다. 지질이 이렇게 중요한 영양소이지만 핏속에 동물성 지방이나 콜레스테롤 양이 지나치게 많아지면 동맥경화와 같은 병을 일으킬 수 있으니, 건강을 위해서는 체내 지질의 양을 많지도 적지도 않게 유지해야 한다. 참고로 전문가들은 하루에 필요한 총에너지의 60~80%는 탄수화물로, 14~18%는 단백질로, 나머지 10%는 정도는 지방으로 보충하는 것이 건강에 좋다고 얘기한다. 쉽게 말해서 편식하지 않고 음식을 골고루 먹는 것이 중요하다는 것이다.

건강 검진을 받아본 사람이라면 결과표에서 TG 수치라는 항목을 본 기억이 있을텐데, 이것이 바로 우리 몸의 주요 지방 저장 물질이다. 트리글리세리드(triglyceride)의 약자인 TG는 하나의 글리세롤이 지방산 세 개와 결합하여 만들어진다.

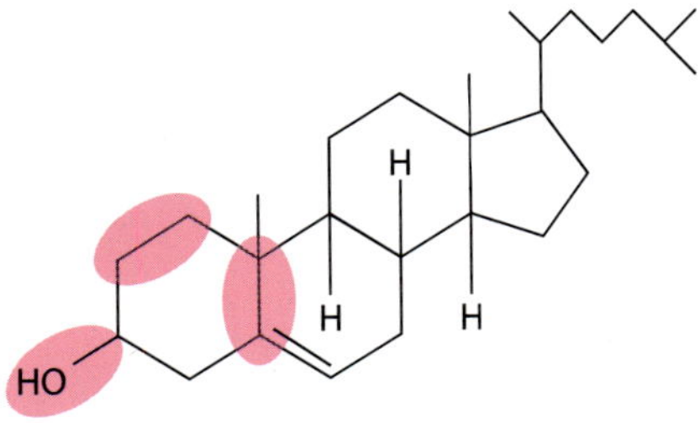

콜레스테롤(cholesterol)

[콜레스테롤의 기능]

1. 인체 내에서 가장 풍부한 스테로이드
2. 동물세포막의 유동성 유지
3. 다양한 스테로이드 호르몬의 전구체

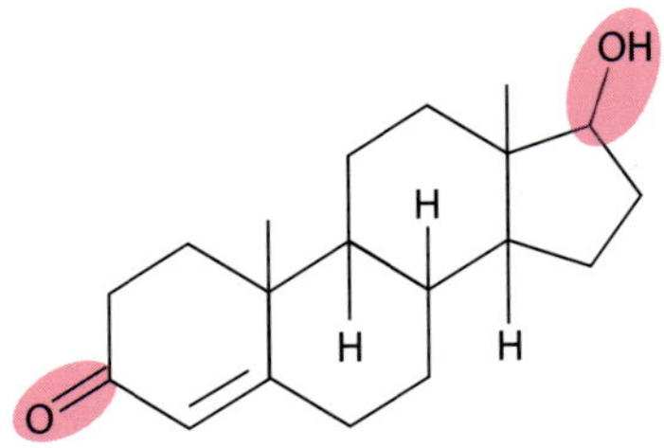

테스토스테론(testosterone)

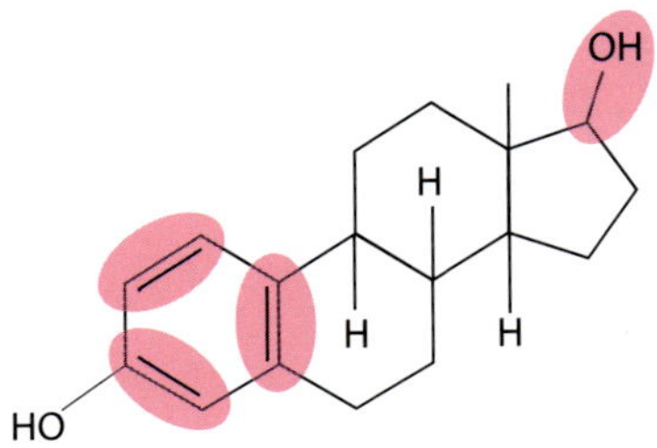

에스트로겐(estrogen)

그림 4.2 콜레스테롤과 남성 호르몬 테스토스테론, 여성 호르몬 에스트로겐

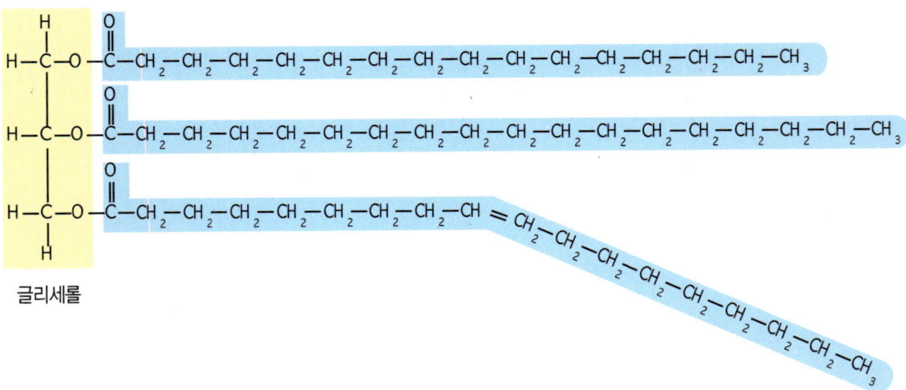

그림 4.3 두 개의 포화지방산과 하나의 불포화지방산을 지닌 지방 구조

지방산은 긴 탄소 사슬에 수소가 붙어 있고 한 쪽 끝에 카르복실기(-COOH)가 있는 화합물이다. 그림 4.3에서 보듯이 글리세롤과 지방산이 만나 물 분자가 빠지면서(탈수반응) 연결되면, 한 분자의 글리세롤에 세 분자의 지방산이 붙은 중성지방인 TG가 만들어진다(TG는 여러 가지 가공 식품 성분표에서 자주 볼 수 있다).

탄소가 모두 단일결합을 이루고 있으면 포화지방산이라고 하며, 이중결합이 있는 지방산은 불포화지방산이라고 부르는데, 지방을 이루는 지방산의 포화 유무에 따라 포화지방과 불포화지방으로 구별된다. 대부분의 동물성 지방은 포화지방으로서 상온에서 고체 상태인 반면, 식물과 생선의 지방은 보통 불포화지방으로서 상온에서 액상으로 존재한다. 이처럼 포화지방과 불포화지방이 상온에서 고체와 액체라는 상이한 모습으로 존재하는 근본적인 이유는 이중결합이 있는 곳에서는 탄소 간의 연결사슬이 뒤틀려지기 때문에 포화지방에 비해서 불포화지방 분자들은 덜 조밀하게 배열되기 때문이다.

씹는 맛이 좋은 단백질

표 4.2에 정리된 바와 같이 단백질은 생명체의 거의 모든 기능에 관여하고 그 종류도 매우 많다. 하지만 모든 단백질은 약 20종의 아미노산의 조합으로 이루어진다. 몸에서 합성되

표 4.2 단백질의 종류와 기능

종류	기능	예시
효소 단백질	선택적으로 화학반응의 속도를 높임	입에서 녹말을 분해하는 아밀라제 소화효소
구조 단백질	몸을 구성하는 주된 물질	근육, 머리카락, 손톱
저장 단백질	아미노산의 저장 및 공급	우유에 들어 있는 카제인
운반 단백질	몸의 다른 부분으로 물질 운반	산소를 운반하는 헤모글로빈
호르몬 단백질	몸의 최적 상태 유지	혈당 농도를 조절하는 인슐린
		수용체 단백질
수용체 단백질	자극에 대한 반응	화학 신호를 감지하는 신경세포막 단백질
운동 단백질	운동	근육 운동을 담당하는 액틴과 미오신
방어 단백질	병원성 생물 대한 방어	항체

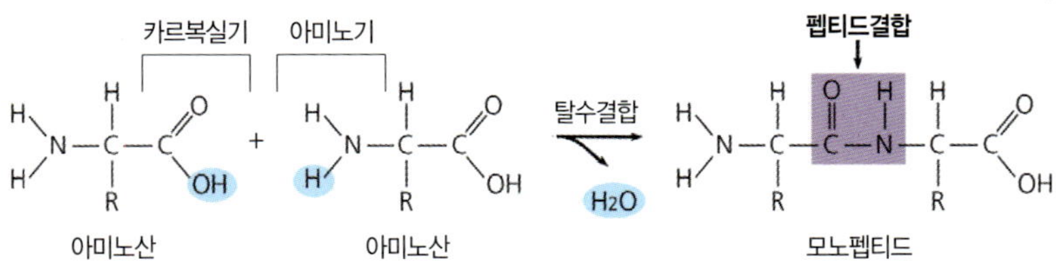

그림 4.4 펩티드결합의 형성

지 않는 아미노산은 동물성 또는 식물성 단백질이 포함된 음식물을 통해 섭취해야 하는데, 이들을 필수 아미노산이라고 한다. 결국 우리가 먹은 음식에 들어 있는 아미노산 중 상당수가 곧 우리 몸의 구성 물질이 된다는 얘기다. 사실 아미노산뿐 아니라 우리 몸을 이루는 모든 영양소는 생물체 사이를 그리고 생물체와 환경 사이를 끊임없이 오가고 있는 것이므로, 사람은 흙에서 왔다가 흙으로 돌아간다는 말에는 생물학적으로도 중요한 의미가 담겨져 있다.

아미노산은 하나의 탄소 원자에 아미노기, 카르복실기, 수소 원자, 그리고 곁사슬(R로 표시)이 붙어 있는 구조인데, 모든 아미노산은 곁사슬만 다를 뿐 나머지 구조는 동일하다. 그림 4.4에서 보듯이 한 아미노산의 카르복실기가 인접한 아미노산의 아미노기를 만나면 물(H_2O)이 빠지며 연결되어 펩티드결합을 이룬다. 이 결합이 2~20개 정도이면 올리고펩티드, 이보다 더 많으면 폴리펩티드라고 한다.

단백질은 '폼생폼사', 말 그대로 폼에 살고 폼에 죽는다. 왜냐하면 단백질의 다양한 기능 수행 여부는 단백질의 모양, 즉 입체 구조에 의해서 결정되기 때문이다. 다시 말해서 열 또는 화학 물질 등에 의해서 구조에 변화가 생긴 단백질은 그 기능을 제대로 수행할 수 없다. 단백질 구조에는 네 가지 단계가 있다 – 펩티드결합으로 연결된 아미노산 사슬인 1차 구조, 폴리펩티드 사슬의 일부가 꼬이거나 접힌 구조를 가지는 2차 구조, 아미노산 곁사슬 간의 상호작용에 의해 단백질 전

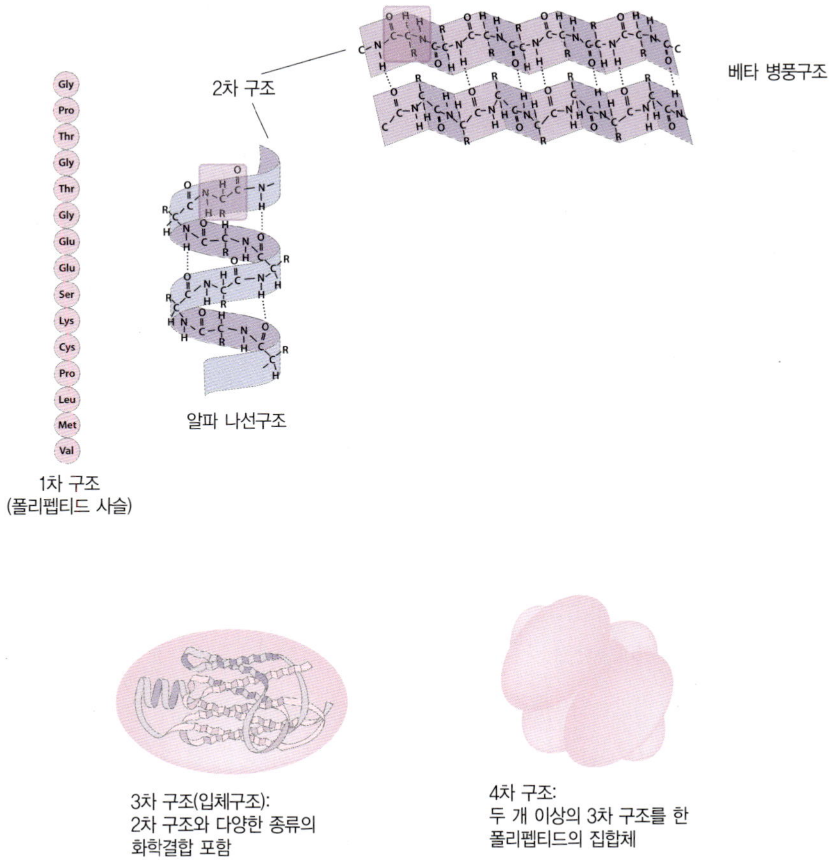

그림 4.5 단백질 구조의 여러 단계

체 모습이 형성되는 3차 구조, 그리고 두 개 이상의 폴리펩티드 사슬이 모여서 하나의 단백질을 이루는 4차 구조(그림 4.5).

단백질의 구조는 여러 가지 화학결합(수소결합과 이온결합, 이황화결합 등)에 의해서 유지되는데, 이 결합이 깨어져 단백질의 구조가 풀려지면 그 모양이 바뀌어(변성) 단백질은 제 기능을 수행할 수 없게 된다. 이러한 형태의 단백질이 물에 녹아 있는 상태로 남아 있다면 주변 환경이 정상화되었을 때, 원래의 모습으로 돌아올 수도 있다(복원). 그러나 삶은 달걀처럼 단백질이 불용성으로 응고되면 복원될 수 없다. 고열이 우리 몸에 치명적인 이유를 단백질의 변성에 의한 기능의 상실이라는 관점에서 생각해 볼 수 있다.

석기시대에서 온 그대

과학적 진위 여부를 떠나, 한자를 통해서 쌀의 의미를 찾아보면, 참으로 오묘한 풀이에 직면하게 된다. 우선 기운 기(氣), 정기 정(精)의 글자를 보면 글자에 쌀 미(米)자가 들어 있다. 이들 글자를 넣어서 사용하는 단어들 – 기개(氣槪), 기상(氣相), 기색(氣色), 기분(氣分), 기합(氣合), 정기(精氣), 정력(精力), 정신(精神) 등을 보더라도 쌀을 빼놓고서는 생각할 수가 없다. 다시 말해서 쌀을 먹어야 정신도 나고 기상도 있고, 그런 것이지 쌀이 없으면 안 된다는 뜻이다. 또 한 가지, 곡물 곡(穀)과 양식 양(粮=糧)이라는 글자를 봐도 쌀 米자가 들어 있다. 즉 우리 먹거리인 곡물과 양식의 주인공은 쌀이었음을 말해주는 증거가 아닐까? 내친 김에 조금 더 살펴보자. 어지러울 미(迷). 이 글자를 보면 참으로 의미심장하다. 쌀이 제대로 있지 못하고 머뭇거리니까(辶, 머뭇거릴 착) 어지럽게 된다는 것이다. 밥을 못 먹으면 어떻게 되나? 어지럽고, 정신이 혼미(昏迷)해진다. 맞는 말이다. 여기서 문득, "전쟁은 총으로 시작하지만, 그 승패는 빵으로 결정난다(The first word in war is spoken by guns, but the last word has always been spoken by bread.)"는 미국 제31대 대통령 후버(Herbert C. Hoover, 1874~1964)의 말이 떠오른다. 식량의 중요성을 강조한 위 경구(警句)는 곰곰이 되새겨볼 가치가 있다. 살기 위해 먹어야 하는 생물의 특성뿐만 아니라, 절대로 함께할 수 없는(아니, 함께 해서는 안 되는) 두 단어를 조합한 음식물 쓰레기라는 용어를 아무 거리낌 없이 사용하고 다이어트라는 명목으로 고칼로리 음식을 적대시하는 현대인들에게 먹거리의 소중함을 일깨우기 위해서 그렇다.

1970년대까지만 해도 불룩하게 나온 중년 남성의 배를 사장배라고 부르며, 심지어 이를 부러워하는 이들도 있었다. 사실 몸에 지방을 많이 가지고 있는 것은 부러워할 만한 일이다. 지금이 아니고 수만 년 전 수렵채집인으로 살았던 우리의 조상들에게는 특히 그렇다 하겠다. 먹거리 확보가 쉽지 않았던 그 시절에는 기회가 있을 때 고칼로리 음식을 최대한 많이 먹고 이를 저장해 두는 것이 생존에 유리했을 것이다. 즉 영양소가 풍부할 때 이를 최대로 흡수하여 지방과 같은 고에너지 분자로 체내에 저장할 수 있게 하는 유전자를 가지고 있는 개체는 그렇지 않은 개체에 비해서 기근을 극복하고 살아남을 확률이 높았을 것이다. 사실 인류가 굶주림에서 해방된 지는 (아직도 세계 곳곳에서는 여전히 배고픔에 시달리고 있는 이들이 많지만) 불과 100여 년밖에 되지 않았다. 화석과 최신 유전체 연구를 통해 현대인의 출현은 대략 10만 년 전으로 추정하고 있다. 결국 인류가 살아온 시간의 99.9% 동안 배고픔에 허덕이다 어느 순간 갑자기 차고 넘치는 음식을 접하니 우리의 몸은 그야말로 어쩔 줄을 모르고 있는 것 같다. 다시 말해서 석기시대의 생물학적 몸으로 21세기의 문화적 삶을 살아가려니 그 고통과 어려움이 이만저만이 아니다. 가장 대표적인 증거가 살과의 전쟁이다. 유감스럽게도 현대인은 비만해질 수밖에 없는 원초적 본능을 가지고 있다.

대부분의 사람이 다이어트에 실패하는 가장 큰 이유가 무엇인가? 운동을 하지 않아서인가? 아니다. 음식 조절에 실패하기 때문이다. 주말 오후 1시간 이상의 운동을 마치고 샤워로 땀을 씻어내고 뿌듯한 마음과 개운한 느낌에 흠뻑 젖어 소파에 앉아 TV를 켠 순간, 나오는 음료 광고. 설상가상으로 그 뒤를 잇는 치킨 광고. 참기 어려운 충동을 느낀다. 딱 오늘 하루만이라고, 내일부터 시작해야지 하는 자기 합리화 경험이 있는 사람은 알 것이다. 먹는 것을 놓고 벌어지는 본능과의 싸움에서 이성이 이기기가 쉽지 않다는 것을. 지금처럼 항시 먹거리가 풍부한 상황에서도 많은 경우 우리는 식욕이라는 본능에 굴복하고 만다. 한번만 더 생각하면 당연한 일일 수도 있다. 있을 때 고칼로리 음식을 많이 먹도록 지시한 유전자가 인류의 생존에 기여한 바를 인정한다면, 인정할 것은 인정하자. 먹다 지쳐 잠들어도 아침에 눈을 떠 원하면 그 즉시 또 먹을 수 있는 특권을 누릴 수 있는 생물은 인간뿐 임을. 그러나 상기하자. 만물의 영장이라고 자부하는 인간이라면 때로는 본능도 이겨낼 수 있는 이성을 갖추어야한다는 사실을.

05 오장육부

오장육부란 오장(五臟)과 육부(六腑)라는 뜻으로 한의학에서 내장을 통틀어 이르는 말이다. 오장은 간장, 심장, 비장(지라), 폐장, 신장의 다섯 가지 장기를 가리키며, 육부는 배 속에 있는 여섯 가지 기관인 위장, 소장, 대장, 쓸개, 방광, 삼초(三焦)를 이른다. 삼초는 상초, 중초, 하초 셋으로 다시 나누는데 이것은 어떤 기관을 가리키는 명칭이 아니라, 각각 횡격막(가로막) 위, 횡격막과 배꼽 사이, 배꼽 아래의 부위에 해당한다. 결국 육부는 음식물을 받아들여 소화시키면서 영양분을 흡수하고 찌꺼기를 내보내는 역할(소화와 배설)을, 오장은 흡수된 영양소를 온몸에 전달하고 이를 원료로 에너지를 만드는 역할(순환과 호흡, 배설)을 담당한다.

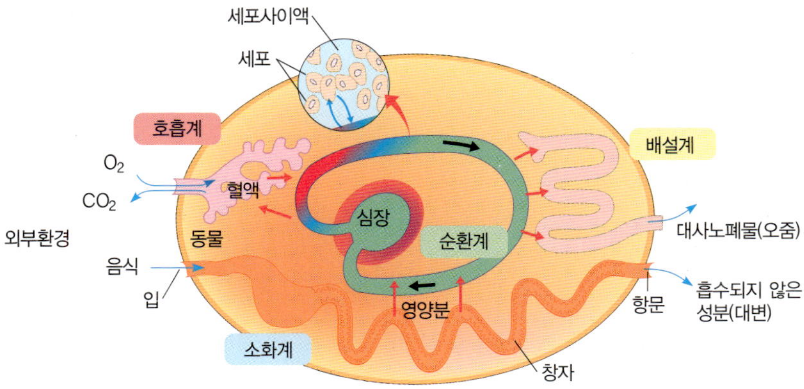

그림 5.1 주변 환경과 고등 척추동물 사이에
일어나는 물질 교환의 전체 과정

소화계

소화는 섭취한 음식물을 체내로 흡수될 수 있도록 작은 크기로 분해하는 과정이다. 식사 시간에 어머니들은 꼭꼭 씹어 맛있게 먹으라는 말씀을 자주 하신다. 입에서는 일단 음식물이 잘게 부서져 침과 섞이는 기계적 소화와 침에 있는 아밀라제라는 소화효소에 의해 녹말이 엿당으로 분해되는 화학적 소화가 일어난다. 엿당은 달콤하니까 밥은 씹을수록 단맛이 나는 것이니, 우리의 어머니들은 참으로 과학적이시다. 지금 한번 직접 해보면 알겠지만 꿀꺽 침을 삼키면 식도가 꿈틀거리는 느낌을 받을 것이다. 이것이 바로 연동운동이라는 식도의 수축이완 작용으로 음식물을 위로 내려 보내는 원동력이고, 이 때문에 물구나무서서도 음식을 먹을 수 있다.

위는 뽕망치 같은 주름과 유연한 근육벽을 가지고 있기 때문에 약 2리터 정도의 물과 음식이 들어갈 수 있도록 늘어날 수 있을 뿐만 아니라, 연속적인 근육의 수축과 이완을 통해 들어온 음식물과 위액이 잘 섞이도록 해 준다. 음식물이 들어오면 위샘에서 위액이 분비되는데, 이 위액에는 염산(HCl)과 단백질 분해효소가 들어 있다. 염산 때문에 위액은 철사를 녹일 수 있을 정도로 강한 산성(pH 2)을 띠는데, 이로 인해 음식물과 함께 들어온 세균도 죽고 단백질이 변성되어 펩티드결합이 노출됨으로써 효소에 의한 단백질 분해가 훨씬 용이해진다. 그런데 단백질이 주성분인 근육으로 이루어진 위벽은 도대체 어떻게 멀쩡할 수 있을까?

위벽 세포들은 뮤신이라고 하는 점액을 분비하여 염산으로부터 위벽을 보호한다. 음주와 흡연을 하거나 정신적 스트레스 받게 되면 위산이 과다 분비되어 위 점막을 손상시킬 수 있는데, 이것이 바로 흔히 말하는 속쓰림의 원인이다. 심한 경우에는 위염과 위궤양으로 이어질 수 있으니 절제 있는 생활 습관이 건강 유지의 기본임을 보여 주는 또 하나의 사례라 하겠다. 그런데 이런 위 점막의 보호 기능을 이용하여 위 안에 살면서 행패를 부리는 불한당이 있다. 바로 악명 높은 헬리코박터 파이로리(*Helicobacter pyroli*)이다. *Helicobacter* 속(屬, genus)명은 그 형태가 나선형(helix)임을 의미하고 *pyroli*라는 종(種, species)명은 이 세균이 주로 pylorus[유문(幽門): 위와 십이지장의 경계 부분]에 서식하기 때문에 붙여진 이름이다. 헬리코박터 파이로리의 위 속 생존 전략은 이렇다. 끝부분이 도드라진 특수한 형태의 편모를 이용하여 끈적거리는 위 점액 속을 헤엄쳐(일반 편모를 가진 세균들은 위 점액에서 움직이지 못함) 위 점막층 안에 자리를 잡고, 음식물에서 유래하는 미량의 요소를 분해하여 암모니아를 생산함으로써, 자기 주변에 있는 염산을 중화시킨다.

헬리코박터 파이로리를 처음으로 발견한 다음, 이것이 위나 십이지장의 보호점막을 파고들어 가 위염이나 심하면 위궤양까지 일으킨다는 사실을 입증하기 위한 한 과학자의 노력은 그야말로 처절했다. 1979년 호주의 워렌(Robin Warren,

1937~) 박사가 위에서 살고 있는 세균을 발견하였고, 1982년 역시 호주의 마셜(Barry Marshall, 1951~) 박사가 헬리코박터 파이로리 세균의 분리 배양에 성공하였다. 그러나 염산 용액이 소용돌이치는 위에서는 어떤 생명체도 살 수 없다는 기존 학설을 신봉했던 대부분의 과학자들은 이들의 연구 성과를 믿으려 하지 않았다. 철옹성 같은 고정 관념을 깨기 위해서 마셜 박사는 급기야 자신을 대상으로 한 생체실험(?)을 감행했다. 헬리코박터 파이로리 배양액을 한 컵 마셔버린 것. 며칠 후 그는 위염 증세를 보였고 내시경 검사를 통해서 위염 발생 부위에 헬리코박터 파이로리가 있음이 확인되었다. 이후, 항생제를 복용한 마셜 박사는 그의 예견대로 위염을 치료할 수 있었다. 결국 과음, 불규칙한 식사, 스트레스 등뿐만 아니라 헬리코박터 파이로리의 감염도 위궤양을 일으키며, 이는 항생제로 치료될 수 있다는 사실을 명확하게 규명하였다. 이 공로로 마셜과 워렌 박사는 2005년 노벨생리의학상을 수상하는 영광을 안았다.

위(胃)의 위쪽과 아래쪽에는 각각 식도와 소장이 연결되는데, 이 연결 부위에는 괄약근이 있어서 대부분의 시간 동안 위의 양 끝은 닫혀 있다. 위액의 강한 산성을 생각하면 당연히 그래야만 한다. 위에서 소화가 된 음식물은 한 번에 조금씩 소장으로 이동하기 때문에 식사 후 위가 완전히 비워지는 데에는 2~6시간 정도 걸린다. 비록 대장보다 지름이 작아서 소장이라는 이름을 얻었지만, 소장은 소화관 중 가장 긴 부분으로 본격적인 소화가 이루어지는 곳이다. 소장은 크게 세 부분(십이지장, 공장, 회장)으로 나뉜다. 십이지장(十二指腸)의 한자 표현을 그대로 풀어보면 12개 손가락이라는 뜻인데, 사람 십이지장의 길이가 옆으로 나란히 놓인 손가락 12개의 폭과 같다고 하여 붙여진 이름이다. 사실상 영문명인 duodenum에도 12를 의미하는 라틴어 어원(duodeni, twelve each)이 들어 있다. 약 25cm인 사람의 십이지장은 영어 알파벳 'C' 모양으로 마치 세면대와 아래 배수관의 연결 부위를 연상시킨다. 위에서 십이지장으로 음식이 내려오면 췌장(이자), 쓸개 그리고 간과 소장 자체에서 십이지장으로 소화액이 반사적으로 분비되기 때문에 십이지장을 샘창자라고도 부른다.

췌장액에는 소화효소 외에도 탄산수소나트륨($NaHCO_3$)이 들어 있어서 위에서 내려온 산성의 음식물을 중화시킨다($HCl + NaHCO_3 \rightarrow NaCl + H_2O + CO_2$). 간에서 만들어져 쓸개에 저장되었다가 분비되는 쓸개즙은 비록 소화효소는 없지만, 뭉쳐 덩어리진 지방을 잘게 쪼개서 지방의 소화와 흡수를 돕는다. 지방의 분해는 소장에서 시작된다. 소장의 융모 사이에 있는 창자샘에서는 여러 가지 종류의 소화효소가 함유된 장액을 분비하여 탄수화물과 단백질을 단당류와 아미노산으로 완전히 분해함으로써 소장에서의 소화를 완결한다. 소장에서 일어나는 대부분의 소화는 음식물이 십이지장을 포함한 소장의 앞부분에서 끝나며, 소장의 나머지 부분은 주로 영양분의 흡수를 담당한다.

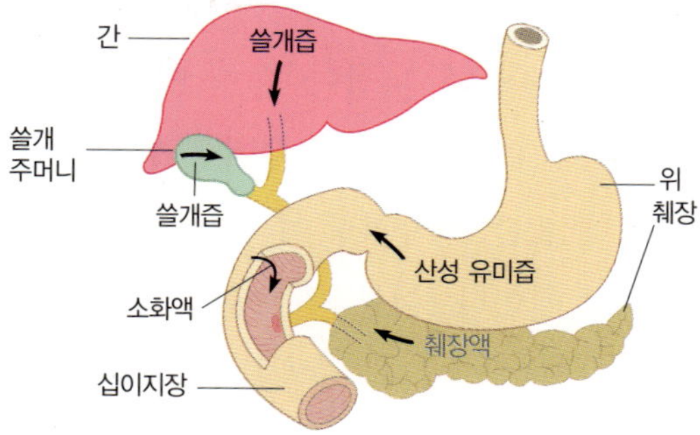

그림 5.2 십이지장과 연관된 소화기관

표 5.1 소장에서 일어나는 소화작용

	효소		효소	
탄수화물				
녹말	췌장의 아밀라아제 →	엿당(다른 이당류)	말타아제, 수크라아제, 락타아제 등 →	단당류
단백질				
폴리펩티드	트립신, 키모트립신 →	작은 폴리펩티드	아미노펩티다아제, 카르복시펩티다아제, 디펩티다아제 →	아미노산
핵산				
DNA와 RNA	핵산분해효소 →	뉴클레오티드	다른 효소들 →	질소, 염기, 당, 인산
지방				
지방덩어리	쓸개즙 →	지방입자(유화된)	지질분해효소 →	지방산과 글리세롤

우리 속담 중에는 원래 비유의 뜻과는 무관하게 나름대로의 생물학적 의미를 찾아볼 수 있는 것들이 있다. 정신을 바로 차리지 못하는 사람을 낮잡아 '쓸개 빠진 놈'이라고 부르곤 하는데, 정말로 쓸개가 없으면 제대로 정신을 차리지 못할까? 담낭(膽囊, 쓸개 담; 주머니 낭)이라고도 하는 쓸개의 주 기능은 쓸개즙의 보관이다. 이름 때문에 쓸개즙이 쓸개에서 만들어진다고 생각하기 쉬우나, 쓸개즙은 간에서 생성되어 쓸개에 보관되었다가 십이지장으로 분비된다. 따라서 쓸개가 없어도 쓸개즙 생산에는 별 문제가 없을 것이다. 쓸개즙은 소화효소를 가지고 있지 않아서 소화 작용에 직접적으로 참여하지는 않고, 지방을 작은 조각으로 만들어줌으로써 지방의 소화와 흡수를 돕는 역할을 한다. 쓸개와 쓸개즙의 기능에 근거해서 추측해 보면 쓸개가 빠지면 지방 소화에 약간의 지장이 있을 수는 있겠지만, 정신이 나갈 것 같지는 않다. 실제로 쓸개가 없는 경우 많은 양의 지방을 한꺼번에 섭취하면 소화불량이 생길 수 있겠지만 보통 먹는 음식을 소화하는 데에는 큰 문제가 없다고 한다. 그런데 이 시점에서 왠지 모르게 "간에 붙었다 쓸개에 붙었다 한다"라는 속담이 떠오른다.

십이지장 다음에는 빈창자라는 뜻을 가진 공장(空腸)이 이어진다. 약 2m 정도인 공장의 주 기능은 양분 흡수인데, 끼니 사이에는 보통 비어 있게 되기 때문에 공장이라는 이름을 얻었다. 소장의 마지막 부분인 회장(回腸)과 공장의 뚜렷한 경계는 없으나, 몇 가지 모양의 차이는 있다. 회장보다 굵은 공장은 그 벽도 더 두껍고 혈관도 더 많이 분포해 있다. 공장보다 가는 회장은 벽도 얇고 혈관의 분포도 적을 뿐만 아니라 배 속에서 심하게 구불거리는 모양새이다. 회장, 즉 돌창자라는 이름도 이런 연유로 붙게 되었다.

소화관의 맨 끝부분을 차지하는 대장은 영어 알파벳 T 형태로 소장과 연결된다. T자의 한 팔을 이루는 결장은 약 1.5m의 길이로 직장과 항문으로 이어진다. T자의 반대쪽 팔은 맹장을 이룬다. 사람은 다른 포유류에 비해서 상대적으로 작은 맹장을 가지고 있다. 순우리말로 막창자라고 하는 맹장은 척추동물의 소장에서 대장으로 이어지는 부분에 있는 주머니 모양의 짧은(약 5~6cm) 소화관이다. 사람의 맹장은 수렵채집 생활 당시에는 발효 장소로 기능했으나, 인류가 조리되거나 소화가 잘되는 질 좋은 음식을 먹기 시작하면서 점차 쓸모가 없게 되어 퇴화된 것으로 추정했었다. 그러나 최근의 장내 정상 미생물상 연구결과에 따르면, 맹장이 좋은 미생물들의 본거지 또는 은신처가 될 수 있다고 한다. 즉 염증이나 항생제 과다 복용 등으로 훼손된 장내 정상 미생물 집단의 복원에 중요한 역할을 하는 것으로 드러나고 있다.

대장에서는 소화액이 분비되지 않기 때문에 소화효소에 의한 소화는 일어나지 않고 소장에서 흡수되고 남은 찌꺼기로부터 수분이 흡수되는데, 이것이 결장의 주요 기능이다. 따라서 연동운동에 의해서 결장을 따라 이동하는 동안(약 12~24시간 정도) 소화되지 않은 찌꺼기는 물이 빠지면서 점점 단단

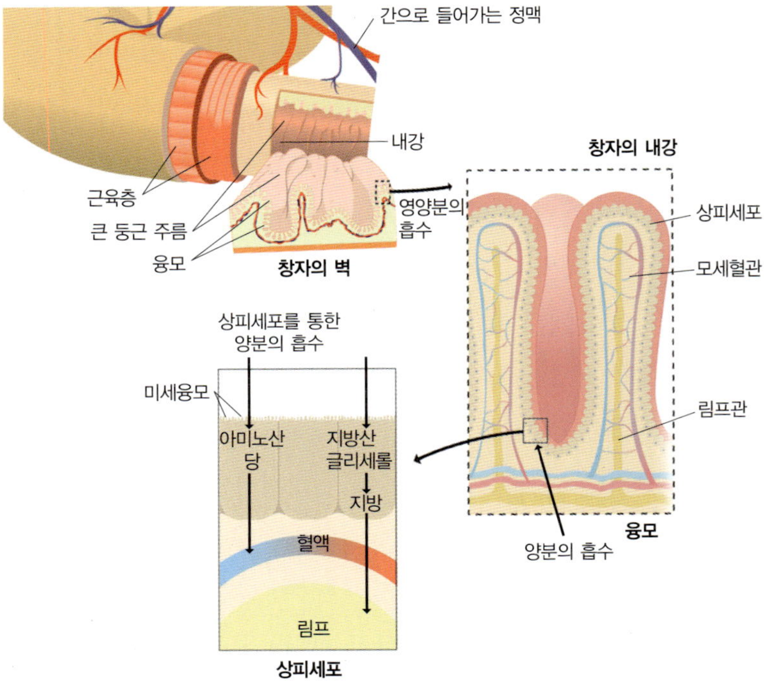
간으로 들어가는 정맥
내강
창자의 내강
근육층
큰 둥근 주름
융모
영양분의
흡수
창자의 벽
상피세포
모세혈관
상피세포를 통한
양분의 흡수
미세융모
아미노산
당
지방산
글리세롤
지방
혈액
림프
상피세포
림프관
융모
양분의 흡수

그림 5.3 소장의 구조

해진다. 만약 감염 등으로 인해서 결장이 제대로 물을 흡수하지 못하면 설사를 하게 되고, 반대로 연동운동이 너무 느려지면 물이 과도하게 흡수되어 변비가 된다.

순환계

앞에서 얘기한대로 음식물에서 뽑아낸 영양소의 대부분은 소장에서 흡수된다. 소장의 안쪽 표면은 주름져 있고, 여기에 손가락 모양의 융모가 무수히 나 있는데, 융모는 다시 미세융모로 덮여 있다. 주름지고 돌기가 난 구조 때문에 소장의 표면적은 엄청나게 넓어져서 영양소를 빠른 속도로 흡수할 수 있다. 흡수된 영양분은 그 종류에 따라 이동 경로가 달라진다. 수용성 영양소(단당류, 아미노산, 수용성 비타민, 무기 염류 등)들은 모세혈관으로 이동한다. 반면 지용성 영양소(지방의 소화의 생산물, 지용성 비타민 등)는 암죽관으로 보내진다. 특히 지방의 소화로 생긴 지방산과 글리세롤은 작은 지방으로 재조합된 다음 이동한다(그림 5.3).

림프계의 일부분인 암죽관으로 흡수된 지용성 영양소들은 림프계로 배출되었다가 가슴관을 거쳐서 혈액으로 운반되어 결국 심장으로 들어간다. 모세혈관에 집결한 수용성 영양소들은 이어지는 간문맥을 따라 간에 도달 다음, 다시 간정맥을 타고 심장으로 이동한다. 심장에 도달한 영양소들은 혈액에 의해 몸 전체로 배송된다. 영양소들이 직접 심장으로 가지 않고 간을 거쳐 돌아가는 데에는 중요한 이유가 있다. 우선 간이 몸 전체로 배송되는 영양소를 통제할 수 있다. 일명 우리 '몸의 화학공장'이라고 불리는 간은 들어온 영양소를 가공할 수 있기 때문에 간문맥을 통해 들어온 혈액의 영양소를 제어하고 조절하여 혈액을 심장에 보낼 수 있다. 일례로, 음식물에 포함되어 있는 탄수화물의 양에 상관없이 간에서 나가는 혈액은 거의 일정한 수준의 혈당량을 유지한다. 또 하나의 중요한 이유는 혈액이 심장을 거쳐 몸 전체를 순환하기 전에 유해 성분을 제거하는 해독작용을 수행할 수 있다는 것이다.

육달월변[月(肉)]과 방패 간(干)이 합쳐진 '肝'자는 말 그대로 몸의 방패라는 뜻이다. 간은 앞서 설명한 소화 관련 기능 이외에도 해독작용, 혈류조절, 혈액 응고 방지 물질인 헤파린과 혈액 응고에 관여하는 프로트롬빈 및 피브리노겐 합성, 체온 조절 등 생명유지에 필수적인 많은 기능을 수행한다(간을 뜻하는 영단어 liver도 결국 live에서 파생된 것 아닌가?). 이처럼 간은 무척 중요하고 바쁜 장기다. 이런 장기를 도와주지는 못할망정 더 혹사시켜서야 되겠는가? 간의 대표적인 혹사 사례는 과도한 음주다. 간이 알코올을 분해할 수는 있지만, 간 자체도 알코올과 분해 산물인 아세트알데히드에 의해 손상을 입는다. 이러한 간 손상의 초기 단계인 알코올성 지방간은 알코올성 간염으로 진행되는데, 이 질환들 초기에는 별다른 증상이 없다. 이 때문에 많은 사람들이 간이 나빠지는지도 모르고 그냥 방치한 상태로 계속 술을 마시다가 불행하게도 '간경화'를 얻게 된다. 간경화는 술을 끊어도 호전되지 않으며 간의 재생 능력도 상실시킨다. 그리고 결국에는 간암으로 진행된다. 요즈음 사회적으로 건전한 음주문화를 만들자는 목소리가 높다. 쨍소리와 함께 울려 퍼지는 '위하여' 소리에 묻힌 간의 신음소리를 간과하지 말자.

온몸으로 혈액을 순환시키는 펌프인 심장은 4개의 공간으로 나누어져 있는데, 위쪽 두 개를 좌심방과 우심방 그리고 아래쪽 두 개를 좌심실과 우심실이라고 부른다. 또한 혈액이 심장으로 들어오는 혈관에는 정맥, 심장에서 나가는 혈관에는 동맥이라는 이름을 붙인다. 혈액의 순환 경로는 폐순환(소순환)과 체순환(대순환)으로 나누어져 있다. 폐에서 산소를 받아들이고 이산화탄소를 방출하는 폐순환은 우심실에서 폐동맥을 통해 보내진 혈액이 폐의 모세혈관에 도착하여 기체 교환을 마친 다음, 폐정맥을 타고 좌심방으로 돌아오는 경로이다. 좌심방으로 들어온 혈액은 좌심실 → 대동맥 → 동맥 → 온몸의 모세혈관 → 정맥 → 대정맥 → 우심방의 순서로 온몸을 돌면서 산소와 영양소를 공급한다(그림 5.4). 즉 심방은 혈액을 접수하고 심실은 펌프(폐순환에서는 우심실, 체순환에서는 좌심실) 역할을 한다(혈액은 심방으로 들어와 심실로 나가는데, 혹시 헷갈리면 '방실방실'을 떠올리시기를).

심장은 전체가 두꺼운 근육층으로 되어 있다. 펌프 역할을 하는 심실 근육이 심방 근육보다 더 두껍고, 특히 전신으

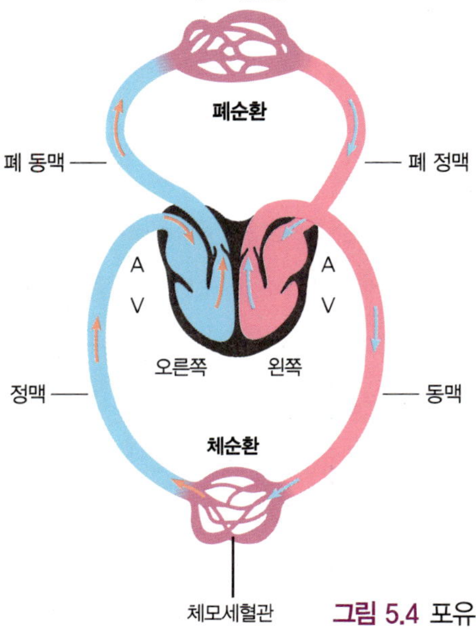

그림 5.4 포유류의 심장혈관계 모식도(A, 심방; V, 심실)

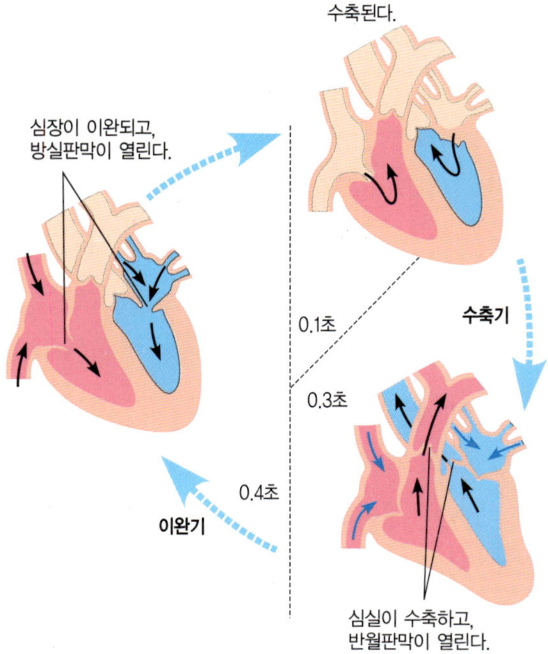

그림 5.5 심장주기

로 혈액을 내보내는 좌심실 벽이 가장 두껍다. 생명체에서 구조와 기능의 상관관계를 보여 주는 하나의 예다. 내친김에 이 구조-기능 상관관계에 근거하여 한 번 더 논리 사고를 해보자. 심장에는 혈액 역류를 방지하기 위한 판막이 4개 존재한다. 좌우 심방과 심실 사이에 있는 왼방실판막과 오른방실판막은 심실의 강력한 수축에 의해 닫히면서 심실에서 심방으로 혈액의 역류를 막는다. 한편 좌우 심실과 대동맥 및 폐동맥 사이에 위치한 두 개의 반월판막(반달 모양에서 유래)은 심실 수축에 의한 압력으로 열렸다가 심실 이완 시, 동맥에 형성된 높은 압력 때문에 혈액이 역류하는 것을 막아 준다(그림 5.5).

심장 박동은 혈액이 온몸을 순환할 수 있는 원동력이다. 안정 상태에서 심장은 1분에 70~80회 수축과 이완을 반복하여 혈액을 내보내는데, 이러한 1분간의 박동수를 심박수라고 한다. 또한 심장의 수축과 이완으로 인해 생기는 동맥벽의 진동을 목이나 손목에서도 느낄 수 있는데, 이것이 바로 맥박이다. 따라서 보통 심박수와 맥박수는 일치하게 된다. 그런데 규칙적인 심장 박동은 어떻게 일어나고 유지될 수 있을까? 심장은 신경을 자르거나 몸 밖으로 떼어내더라도 한동안 박동을 할 수 있다. 이러한 심장 박동 자동성의 근원지는 대정맥과 우심방이 연결되는 곳에 존재하는 특수 근육 조직인 동방결절[또는 박동원(pacemaker)]이다. 동방결절은 전기 신호를 만드는데, 이 신호가 심방 벽을 타고 전달되어 모든 심방 세포가 동시에 수축하게 된다[이러한 전기 신호는 체액을 타고 피부까지 전달되는데, 이것을 측정하는 것이 바로 심전도(electrocardiogram, ECG 또는 EKG) 검사이다]. 심방 수축이 일어나는 동안 이 신호는 우심방과 우심실 사이에 있는 방실결절에 도달한다. 여기서 전기 신호가 심실 벽으로 전달되기 전에 약 0.1초 머무름으로써, 심실이 수축하기 전에 혈액이 심방에서 심실로 이동할 수 있는 시간을 제공한다. 2014년 기준 한국인의 평균 수명인 81.2세에 심박수를 70회로 가정하여 계산하면, 우리의 심장은 평생 약 30억 번이 넘게 수축과 이완 반복하는 셈이니 경이로울 뿐이다. 한편으로는 이토록 중요한 생명 펌프가 우리 의지에 의해서가 아니라 자율적으로 조절된다는 사실이 인명재천(人命在天)이라는 사자성어를 떠올리게 한다.

혈액은 생명 활동에 필수적인 산소와 영양소를 온몸에 공급하고, 생명 활동 결과로 생긴 노폐물(이산화탄소, 암모니아 등)을 수거하여 이를 처리하는 기관(폐, 신장)으로 운반하는데, 이러한 물질교환은 각 기관에 있는 모세혈관벽을 통해서 이루어진다(그림 5.6). 동맥 쪽에 가까운 모세혈관의 혈압은 상대적으로 삼투압보다 크기 때문에 모세혈관벽에 있는 작은 구멍을 통하여 혈장(혈액의 액체성분)을 조직으로 빠져나가게 되는데, 이를 조직액이라고 한다. 모세혈관이 정맥 쪽에 가까워질수록 삼투압이 더 혈압보다 높아지기 때문에 조직액의 대부분(약 85%)은 다시 모세혈관으로 되돌아오고, 그렇지 못한 나머지 조직액은 림프관으로 들어가 림프가 된다.

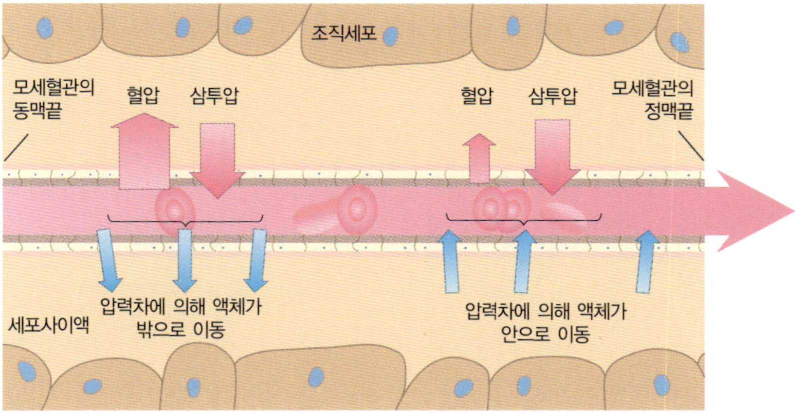

그림 5.6 모세혈관 안팎으로 흐르는 액체의 이동

림프의 순환은 림프관을 통해서 이루어지는데, 왼쪽 상반신과 하반신 전체에 존재하는 모세림프관들이 모여서 좌림프 총관을 이루고, 오른쪽 상반신의 모세림프관들은 우림프 총관으로 모인다. 이들 림프 총관은 궁극적으로 우심방으로 들어가는 대정맥과 연결되어 혈액에 합류한다. 혈관과 달리 림프관은 한쪽 끝이 막혀 있고, 림프의 순환은 심장 박동이 아닌 몸 근육의 움직임에 따른 압력으로 작동한다. 따라서 오랜 시간 가만히 앉아 있으면 다리의 림프 순환이 잘 일어나지 않아 붓게 된다(스트레칭, 걷기 등 생활운동이 필요한 또 하나의 이유). 림프관 곳곳에는 림프액을 걸러주는 림프절이 위치하고 있다. 림프절은 새로운 림프구를 만들기도 하는데, 우리 몸에 외부 침입자가 들어오면(감염) 림프절에서 림프구가 증식하여 림프절이 커지고 부드러워진다. 간혹 감기 등으로 아파서 병원에 가면 의사들이 목, 겨드랑이 등을 만져보는 이유가 바로 림프절의 상태를 점검하기 위해서다.

불법주차된 차들 때문에 소방차 진입이 지연되어 화재 피해가 커졌다는 뉴스를 접할 때마다 안타까운 마음 금할 길 없다. 사소한 실수와 무관심이 돌이킬 수 없는 재난으로 이어졌으니 말이다. 그런데 우리 몸에서도 이와 비슷한 일이 생길 수 있는데, 동맥 안쪽 벽에 지질이 축적되어 혈관이 딱딱해지고 좁아져서 혈액의 흐름에 지장을 주는 동맥경화가 대표적인 예다. 혈액 내 콜레스테롤이 동맥경화의 주된 요인 중 하나다(건강 검진 혈액 검사 결과표에는 항상 콜레스테롤 수치가 표기

되는 이유). 혈액 내 콜레스테롤은 단백질에 붙은 형태로 존재하는데, 크게 저밀도 지질단백질(low-density lipoprorein, LDL)과 고밀도 지질단백질(high-density lipoprorein, HDL) 두 가지가 있다. LDL은 혈관 내벽의 콜레스테롤 침적을 증가시키는 나쁜 콜레스테롤인 반면, HDL은 콜레스테롤 침적을 줄여주는 좋은 콜레스테롤로 알려져 있다.

동맥경화가 심해지면 흔히 심장마비라고 하는 심근경색이 생긴다. 이는 심장에 혈액을 공급하는 관상동맥이 막혀 생기는 것으로, 계속해서 수축과 이완을 반복해야 하는 심장 근육은 많은 양의 산소를 필요로 하기 때문에 산소 공급이 이루어지지 않으면 곧 심장이 멈추게 된다. 동맥경화와 연관된 또 한 가지의 순환기 질병인 뇌졸중은 주로 머리에 있는 동맥이 막히거나 터져서 발생한다. 동맥경화는 나이가 들면서 누구에게나 생길 수 있는 성인병이지만 발병 연령과 정도는 개인 차이가 크다. 즉 흡연과 비만, 고지혈 또는 고혈압 등이 동맥경화를 촉진시키므로 이러한 사항에 대해서 평소에 조그만 더 신경을 쓰면 건강을 지키는 데에 크게 도움이 될 것이다. 규칙적인 운동은 LDL/HDL 비율을 낮추어 준다고 한다. 또한 혈압은 손쉽게 측정할 수 있으니 고혈압(수축 시 140mmHg 이상, 이완 시 90mmHg 이상: 정상 혈압 수치는 120/80mmHg)도 쉽게 진단할 수 있다. 혈관은 우리의 생존을 위해서 혈액이라는 차량이 막힘없이 다녀야 하는 도로다. 이런 도로를 서서히 점유하는 불법주차를 방치해서야 되겠는가? 금연과 체중 조절은 개인의 의지에 달린 것임을 상기하자.

배설계

'잘 먹고 잘 사는 법'이라는 제목의 TV 프로그램을 본 적이 있다. 그런데 잘 먹는다고 해서 반드시 잘 살 수 있는 것이 아니다. 잘 싸는 것도 마찬가지로(어쩌면 더욱) 중요하기 때문이다. 하면 '잘 먹고 잘 싸는 법'이라고 하는 편이 옳지 않을까? 배설의 중요성이 앞에서 설명한 영양소의 소화와 흡수, 배송만큼 크다는 것을 강조하기 위해서 괜한 어깃장을 부려 보았다.

배설이란 체내에서 물질대사 결과로 생긴 노폐물이나 유해한 물질을 체외로 내보내는 작용이다. 사람을 대상으로 얘기하면 먹은 음식물에서 몸에 필요한 물질과 에너지를 뽑아내는 과정에서 생긴 노폐물을 콩팥이나 땀샘 등을 통해 밖으로 내보내는 일이다. 이미 설명했듯이 우리가 살기 위해서는 주영양소(탄수화물, 단백질, 지질)를 끊임없이 섭취 · 분해하여 에너지를 만들어내야 한다. 그런데 탄수화물과 지방은 호흡을 통해서 물과 이산화탄소로 분해되는 반면, 단백질이 분해되면 추가적으로 질소 노폐물(그림 4.4 참조)이 생기게 된다. 결국 우리 몸에서 내보내는 주요 배설 물질은 이산화탄소와 물, 질소 노폐물인 셈이다. 이산화탄소는 호흡 과정에서 방출되기 때문에 별도의 처리 과정이 필요하지 않지만, 물과 질소 노폐물에 대해서는 신경을 써야 한다.

동물이 배출하는 질소 노폐물에는 크게 세 가지(암모니아, 요소, 요산)가 있는데, 어떤 형태로 배출될지는 해당 서식지에서 얻을 수 있는 물의 양과 밀접한 관계가 있다(그림 5.7). 생명체 안에서 질소 화합물이 분해되면, 일차적으로 생기는 것은 암모니아다. 물에 잘 녹고 독성이 강한 암모니아(흔히 말하는 '똥독'의 주원인) 형태로 질소 노폐물을 배설하기 위해서는 많은 양의 물이 필요한데, 물속에서 살고 있는 어류는 암모니아를 직접 배출해도 별 문제가 없다. 그러나 상대적으로 물이 부족한 육지에 사는 생물의 경우에는 암모니아 배출을 위해서 그렇게 많은 물을 소비할 수 없기 때문에 포유류와 대부분의 양서류는 요소를 만들어 배출한다. 요소는 암모니아에 비해 독성이 훨씬 약하다는 장점이 있으나 이를 합성하기 위해서는 별도의 에너지가 필요하다는 단점도 있다.

물을 많이 먹지 않는 육상동물(조류, 파충류, 곤충 등)들은 요산을 만들어 배설한다. 요산은 독성도 약하고 물에 잘 녹지 않기 때문에 그대로 배출할 수 있어 물의 손실은 최소화할 수 있지만 요소를 만들 때보다도 더 많은 에너지가 소비된다. 하늘을 나는 조류는 몸무게를 최소화하는 것이 유리하기 때문에 몸에서 생기는 노폐물을 체내에 저장하지 않고 즉시 배출하는 방향으로 진화되었다고 생각한다. 그 결과 오줌을 저장하는 방광이 없어져서 오줌과 똥이 함께 배설된다. 자동차 위에 떨어진 새똥의 허연 부분이 바로 요산인데, 부식성이 강해서 새똥을 닦아내지 않고 방치하면 자동차 외장에 손상이 생길 수 있다. 심지어 국보 2호인 원각사지 10층 석탑(서울 탑골공원 소재)이 유리 집에 갇힌 주 이유도 부드러운 대리석으로 만들어져 기본적으로 강도가 약한 데다 비바람과 비둘기 배설물 때문에 다른 탑에 비해 훼손이 심각했기 때문이다(서울시는 문화재위원회의 승인을 받아 2000년 유리로 탑을 완전히 덮어씌웠다).

'피가 맑아야 건강하다'라는 말을 한번쯤은 들어 보았을 것이다. 혈액의 기능을 상기해 보면 정말 그렇겠구나 하는 생각이 든다. 온몸을 돌며 필요한 영양소 등을 전달하고 각종 노폐물을 수거하는 임무를 수행하는 혈액이 소중하다는 사실은 누구나 알 것이다(자신에게 매우 소중한 것을 '피 같은 나의 00'라고 표현하곤 한다). 혈액은 일회용품이 아니라 계속 정화해서 사용해야만 하는데, 이러한 혈액의 여과 기능을 수행하는 기관이 바로 신장(콩팥)이다. 즉 신장의 주 기능은 혈액을 여과하여 유용한 성분은 재흡수하고 필요 없는 찌꺼기를 모아서 오줌을 만드는 것이다. 신장의 기능을 이해하기 위해서는 먼저 그 구조부터 살펴볼 필요가 있다.

신장의 단면을 보면 피질과 수질로 구분되고 수질 아래에는 빈 공간인 신우가 있다. 피질에는 사구체와 보우만 주머니로 이루어진 말피기소체가 분포해 있고, 수질에는 주로 세뇨관과 집합관이 분포해 있다. 신장의 껍데기에 해당하는 皮(가

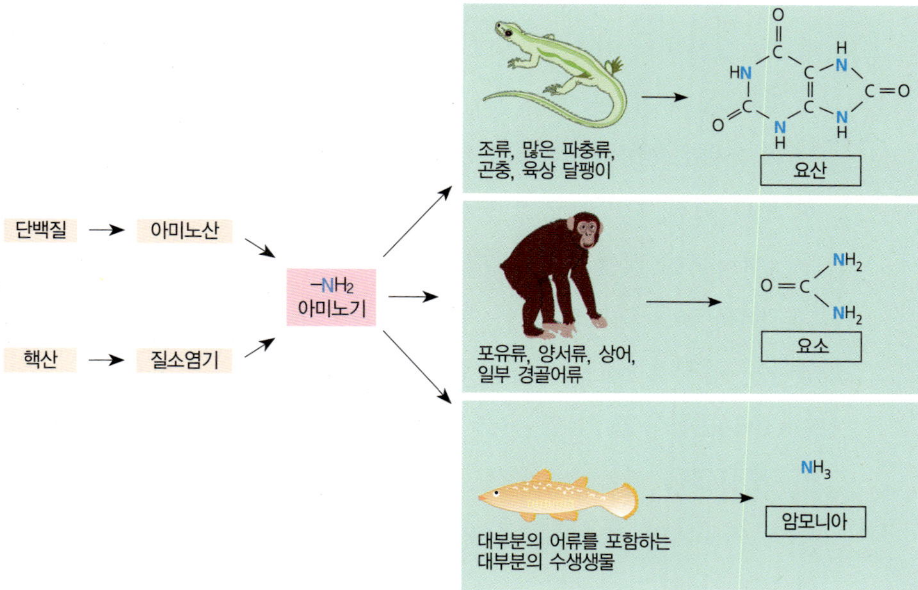

그림 5.7 동물이 배출하는 질소 노폐물

죽 피)질 다음에 중심을 이루는 髓(골수 수)질이 있고 제일 아래쪽에 주발처럼 생긴 腎盂[콩팥 신, 바리(주발) 우]가 있으니, '콩팥의 주발'이라는 뜻을 가진 신우에 무엇이 담길지는 신장의 기능을 생각하면 쉽게 예상할 수 있을 것이다. 바로 오줌. 그렇다면 오줌이 만들어지는 과정은 피질에서 시작된다는 사실도 쉽게 이해가 된다. 뭔가 감이 잡히지 않는가? 그림 5.8을 보면서 이 느낌을 그대로 이어가 보자.

언뜻 보니 콩팥동맥과 콩팥정맥은 비무장지대를 연상시키는 모양새로 피질과 수질의 경계 부위를 지나고 있다. 자세히 보니 피질 쪽으로 향한 콩팥동맥은 가는 모세혈관으로 나누어져서 덩어리를 이루어 마치 실뭉치처럼 보이니, 사구체[실 사(絲) + 공 구(球) + 몸 체(體)]라는 이름은 참으로 잘 붙였다는 생각이 든다. 사구체 모세혈관벽에는 작은 구멍(지름 50~100nm)들이 많이 있는데, 이를 통하여 혈구나 단백질 같이 큰 물질을 제외한 성분(물, 무기염류, 아미노산, 포도당, 요소 등)이 여과되어 사구체를 감싸고 있는 보우만 주머니로 들어와 원뇨가 된다[사구체 + 보우만 주머니 = 말피기소체(또는 신소체, 腎小體)].

결국 원뇨의 성분은 단백질을 뺀 혈장과 거의 같은 것이라서 이용가치가 있는 물질들이 많이 들어 있기 때문에 이를 그대로 배설한다면 엄청난 낭비가 될 것이다. 또한 이로 인해 배출되는 물의 양까지 고려하면 그만큼의 물을 계속 마셔야 하는데, 그렇게 되면 우리는 하루 종일 물을 마시고 화장실

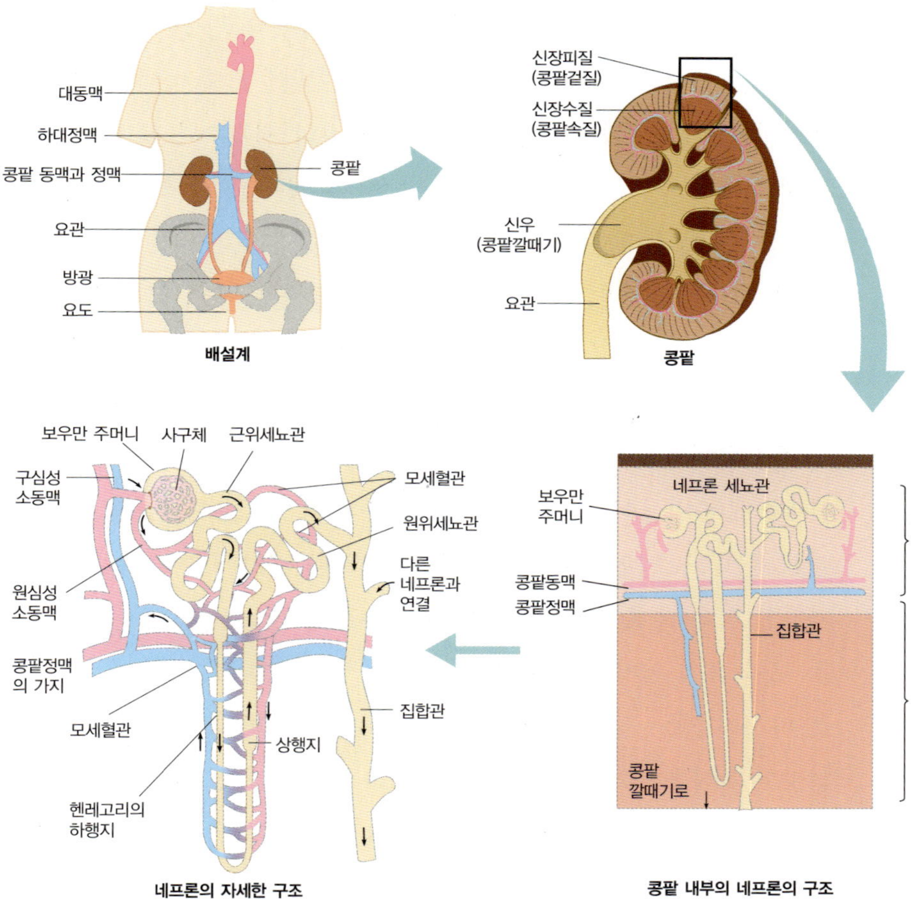
대동맥
하대정맥
콩팥 동맥과 정맥
콩팥
요관
방광
요도
배설계
신장피질
(콩팥겉질)
신장수질
(콩팥속질)
신우
(콩팥깔때기)
요관
콩팥
보우만 주머니
사구체
근위세뇨관
구심성
소동맥
모세혈관
원위세뇨관
다른
네프론과
연결
원심성
소동맥
콩팥정맥
의 가지
모세혈관
집합관
상행지
헨레고리의
하행지
네프론의 자세한 구조
네프론 세뇨관
보우만
주머니
피질
콩팥동맥
콩팥정맥
집합관
수질
콩팥
깔때기로
콩팥 내부의 네프론의 구조

그림 5.8 신장의 구조

을 들락거리느라 아무 일도 못할 것이다. 다행이도 보우만 주머니는 세뇨관으로 연결되어 집합관으로 이어지기 때문에 원뇨가 여기를 지나가는 동안 어떤 물질은 재흡수되고, 또 어떤 물질은 혈액에서 세뇨관으로 분비되어 마지막에 오줌이 되어 배설된다. 세뇨관과 집합관 사이에서 물질의 재흡수와 분비가 이루어질 수 있는 것은 세뇨관과 집합관 주위를 사구체에서 나온 동맥이 다시 모세혈관이 되어 둘러싸기 때문이다. 핵심 용어로 정리하면 오줌 생성은 사구체, 보우만 주머니, 세뇨관에 걸쳐 일어난다. 이들 셋을 합쳐 네프론이라고 부르는데, 이것이 바로 신장의 구조적, 기능적 단위다.

음식물에 든 수분과 별도로 마시는 물과 호흡을 비롯한 대사과정에서 만들어진 수분 등이 우리 몸의 물 공급원이다. 반대로 몸 밖으로 배설되는 물은 대부분 소변을 통해서 이루어지지만 땀과 호흡, 대변을 통해서도 수분이 배출된다. 주위를 보면 물을 엄청 많이 마시는 사람도 있고 반대로 물을 별로 마시지 않는 사람도 있다. 그렇다면 사람에 따라 체내 수분량도 차이가 날까? 아니다. 사람은 하루 최저 약 0.5리터부터 최대 약 20리터 오줌을 배설함으로써 체내 수분의 항상성(恒常性, 생명체가 내부 환경을 일정하게 유지하려는 특성)을 유지할 수 있다. 전자의 경우에는 고도로 농축된 오줌이, 후자의 경우에는 매우 희석된 오줌이 배설된다.

사구체 여과액의 수분 중 75%는 근위(近位, 사구체에 가까이 위치한다는 뜻)세뇨관에서, 5%는 헨레고리에서, 15%는 원위(遠位, 사구체에 멀리 위치한다는 뜻)세뇨관에서, 그리고 약 4% 이상이 집합관에서 재흡수되어 이를 모두 합치면 결국 99% 이상이 재흡수되는 셈이다. 헨레고리 상행지를 제외하고 세뇨관은 물을 잘 투과시킨다. 반면, 집합관의 물투과성은 뇌하수체 후엽에서 분비되는 항이뇨(抗利尿, 오줌 배출을 억제한다는 뜻) 호르몬의 영향을 받는다. 항이뇨 호르몬이 분비되면 집합관벽을 통한 물의 재흡수가 촉진되어 오줌의 양이 줄게 되고, 반대로 물을 많이 마시면 이 호르몬의 분비가 억제되어 집합관에서의 물 재흡수가 감소하여 소변량이 늘어나게 된다. 아울러 항이뇨 호르몬은 카페인 또는 알코올 등에 의해서도 억제되기 때문에 커피나 술을 마시면 같은 양의 맹물을 마셨을 때보다 더 화장실에 자주 가고 싶은 것이다.

우리가 몹시 무섭거나 놀랐을 때 '간담(肝膽)이 서늘하다'고 하는데 이것은 간(肝)과 담(膽)이 직결되어 있음을 암시(暗示)하는 것으로 볼 수 있고, '비위(脾胃)가 상한다거나, 비위가 좋다'는 말은 비(脾)와 위(胃)가 매우 밀접한 관계에 있음을 나타낸 것으로 보게 된다. 우리는 흔히 얼굴의 색[안색(顔色) 또는 혈색(血色)]을 보고 그 사람의 건강 상태를 미루어 짐작하는 경우가 많은데, 이것은 오랜 경험에서 비롯된 것으로 사람의 심신 상태(心身狀態)가 얼굴과 피부에 반응하여 나타나기 때문일 것이다. 오장육부라든가 소화계, 순환계, 호흡계, 배설계 등은 우리의 몸을 편의상 구분하는 것일 뿐이지, 어떤 기관도 단독으로 작용하는 것이 아니다.

모든 세포와 조직, 기관이 정해진 규칙에 따라 서로 치밀하게 연관되어 작용한다는 것이 인체를 비롯한 생명체의 신비로움이다. 만약 이들 조직 중에서 어느 하나라도 규칙을 벗어나서 작용하게 되면 그것은 곧바로 몸에 이상을 일으켜 건강을 해치게 된다. 사실 생명체 또는 유기체를 뜻하는 영단어 'organism'도 organ의 집합체라는 뜻이다. 생물의 계층구조는 원자, 분자, 세포소기관, 세포, 조직, 기관, 기관계, 개체 등의 순서로 높은 수준에 이르며, 수준이 높아질 때마다 아래 수준의 특징으로는 설명될 수 없는 창발성(emergent properties)이 나타나는데, 생물학에서는 세포를 생명 현상이 일어나는 최소 단위로 본다(그림 5.9).

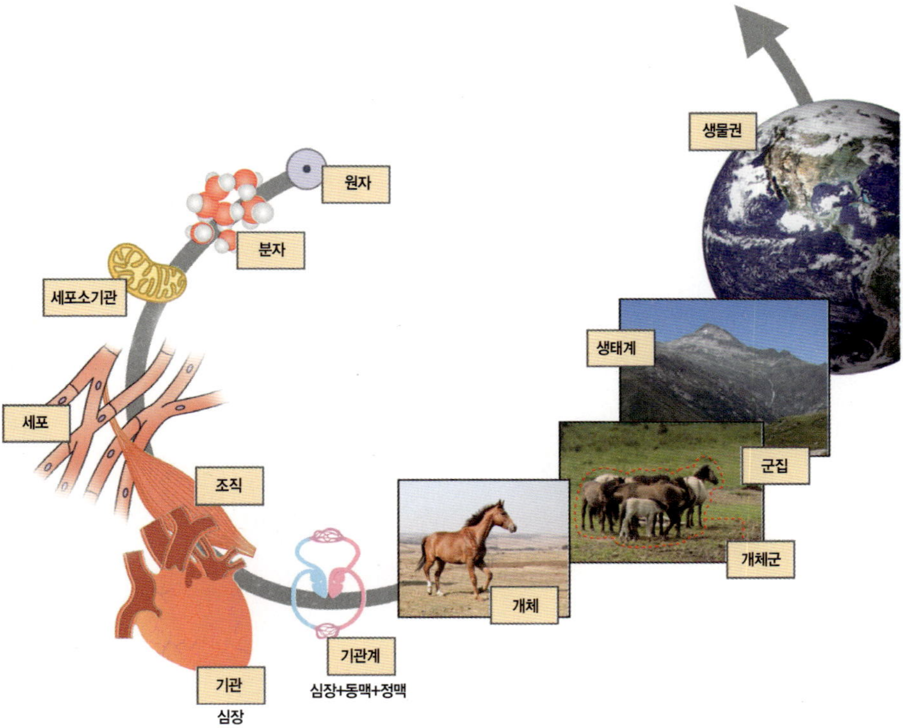

그림 5.9 생명의 구성체계

06
사랑과 에너지

"그때는 손끝만 닿아도 전기가 찌릿찌릿 왔고, 서로의 눈빛만 마주쳐도 스파크가 일었는데…"라고 한숨지으며, 이제는 마음 한편에 아련한 기억으로만 남아 있는 청춘의 사랑을 그리워하는 이들을 주변에서 자주 보면서, 그들에게 묻고 싶었다. "도대체 여러분이 생각하는 사랑은 무엇입니까?" 그리고 같은 질문을 그 철학자에게도 던졌다. 그는 플라톤의 「향연」의 내용을 설명해 주면서 사랑에 대한 고대 철학자의 여러 가지 흥미로운 견해를 들려주었는데, 다음 얘기가 유독 귓가를 크게 때렸다.

> "플라톤은 우리의 영혼이 본래 자유롭다고 주장합니다. 육체에 제약되어 있지만, 원래 영혼의 본질은 자유입니다. 플라톤은

그것을 영혼의 날개로 비유했고요. 인간은 원래 드높은 진리와 아름다움의 평원으로 비상할 수 있는 자유로운 영혼이었는데, 그런 영혼이 날개가 꺾여 지상에 추락하고 육체에 갇히면서, 지금처럼 작아졌다는 것입니다. 그런데 사랑은 부러진 날개를 다시 소생시키는 힘을 가지고 있다는 것이지요. 플라톤은 사랑을 영혼의 날개를 부활시키는 동력으로 보았습니다. 사랑은 영혼의 상처를 치유하여, 우리 영혼을 다시금 자유롭게 한다면서요."

사랑이 영혼의 상처를 치유하고 자유롭게 하는 힘을 가지고 있다고? 그렇다면 사랑이야말로 인간에게 가장 소중한 정신적 에너지다. 플라톤의 말대로 인간이 영혼(정신)과 육체라는 두 실체로 이루어져 있다면, 인간답게 살기 위해서는 사랑과 함께 육체적 에너지가 필요할 것이다. 사실 우리는 이 에너지를 만들어내기 위해서 숨을 쉰다. 숨쉬기의 생물학적 중요성은 영어와 우리말 모두에 그대로 담겨져 있다. Respire(숨쉬다) 외에도 '-spire'가 들어가는 단어를 보면 inspire(영감을 주다), expire(끝나다, 이승을 하직하다), perspire(땀을 흘리다), spirit(영혼, 정신) 등 생명활동과 관련된 것들이 많다. 우리말은 더 직접적이다. '숨이 붙어 있다', '숨지다' 등처럼 생명체의 삶과 죽음을 의미한다.

숨쉬기

호흡이란 날숨 '호(呼)'와 들숨 '흡(吸)'이 합쳐진 말이다. 순우리말로 하면 '숨쉬기'이고, 생물학적으로는 산소가 많은 바깥 공기를 코와 입으로 들이마셔 기도를 거쳐 폐로 보내고, 이산화탄소가 많은 몸속 공기를 몸 바깥으로 이동시키는 과정, 즉 기체 교환을 의미한다. 크게 한번 심호흡을 해보자. 가슴이 앞으로 팽창되고 윗배가 앞으로 나오는 느낌이 들 것이다. 자칫 공기가 들어오니까 흉강이 늘어났다고 생각할 수도 있으나, 사실은 그 반대로 흉강이 늘어나서 공기가 들어오는 것이다. 즉 늑간근(갈비사이근)이 수축하여 갈비뼈가 위로 당겨지고 가슴뼈는 앞으로 나가게 된다. 동시에 횡격막은 아래로 내려가면서 흉강의 부피가 늘어나 폐의 기압이 대기압보다 낮아지게 되는데, 기압이 높은 곳에서 낮은 곳으로 흐르는 기체의 성질 때문에 공기가 폐(허파)로 들어오는 것이다. 숨을 내쉴 때에는 이와 반대의 현상이 일어난다.

폐에 들어온 공기는 폐포(허파꽈리) 모세혈관과 기체 교환을 한다. 이를 외호흡이라고 하며, 폐에서 기체 교환을 마친 혈액이 온몸에 퍼져 있는 모세혈관에 이르러 조직 세포와 하는 기체 교환을 내호흡이라고 한다. 조금 전에 심호흡을 해보자고 제안하기 전까지는 아마도 숨쉬기를 자각하지 않고 있었을 것이다. 늑간근의 수축은 의식적으로 조절할 수 있기 때문에 우리가 어느 정도 숨을 참을 수도 있고 일부러 빠르게

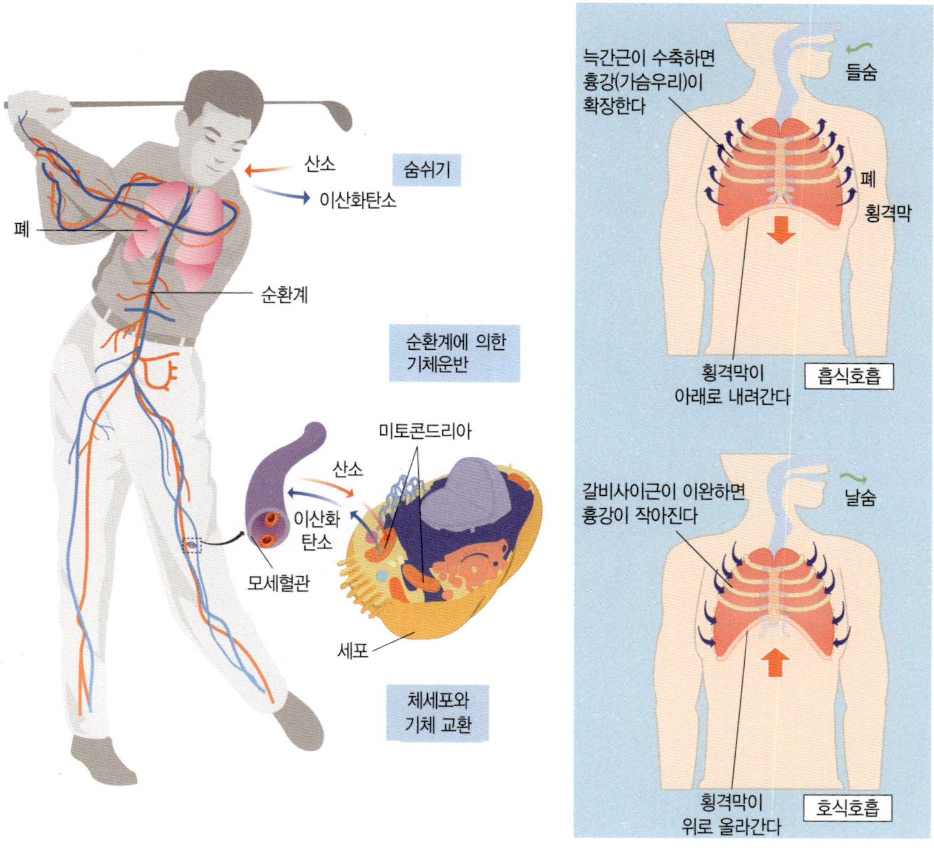

그림 6.1 기체교환의 3단계와 들숨–날숨의 원리

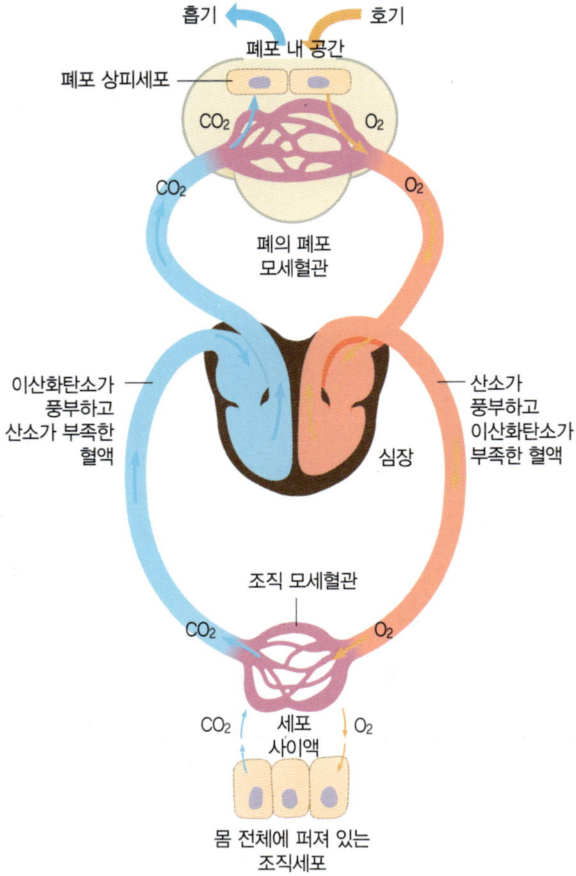
흡기
호기
폐포 내 공간
폐포 상피세포
CO_2
O_2
CO_2
O_2
폐의 폐포
모세혈관
이산화탄소가
풍부하고
산소가 부족한
혈액
산소가
풍부하고
이산화탄소가
부족한 혈액
심장
조직 모세혈관
CO_2
O_2
CO_2
세포
사이액
O_2
몸 전체에 퍼져 있는
조직세포

그림 6.2 체내 기체운반

숨쉬기를 할 수는 있지만, 대부분의 숨쉬기 운동은 우리의 의지에 의해서가 아니라, 혈액 속에 녹아 있는 이산화탄소 농도 변화에 따라 호흡량을 조절하는 호흡조절중추(뇌의 연수에 위치)에 의해서 자율적으로 조절된다. 심장 박동에 이어 생존에 필수적인 숨쉬기도 기본적으로는 자율적이라서, 이번에는 '나는 누구인가?'라는 철학적 질문이 떠오른다.

이산화탄소와 산소 운반

이산화탄소가 물에 녹으면 탄산(H_2CO_3)을 형성하는데, 탄산은 다시 중탄산이온(HCO_3^-)과 수소이온(H^+)으로 해리된다. 이것이 바로 탄산수다.

$$CO_2 + H_2O \rightleftarrows H_2CO_3 \rightleftarrows HCO_3^- + H^+$$

[각 화합물의 농도에 따라 반응 방향이 결정되어 평형 상태를 이루는 가역 반응임에 주목하자.]

위 화학식은 호흡의 결과로 혈액 내 이산화탄소가 증가하게 되면, 궁극적으로는 혈액 내 수소이온 농도가 높아지게 된다는 사실을 알려준다. 수소이온 증가는 산성화를 의미하기 때문에 호흡조절중추는 이 변화를 호흡량(속도와 깊이)을 증가시켜 이산화탄소 배출 속도를 높인다. 그런데 순환계(특히 심장)의 협조 없이는 이러한 호흡 조절이 원활하게 이루어질 수 없음을 간과해서는 안 된다. 힘껏 달리면 가빠지는 숨소리만큼 심장 박동도 빨라짐을 쉽게 알 수 있다. 이것이 호흡 속도와 혈류 속도가 함께 조절됨을 보여 주는 좋은 증거다.

이산화탄소에 비해서 물에 잘 녹지 않는 산소의 운반은 적혈구에 있는 헤모글로빈이라는 단백질이 담당한다. 피가 빨간 이유는 헤모글로빈이 빨간색이기 때문인데, 산소가 결합하면 색이 더 밝아진다. 헤모글로빈과 산소의 결합은 가역적이어서 폐에서 결합된 산소가 조직에서는 떨어지게 된다. 흥미로운 사실은 산소 분자가 결합할수록 전체 헤모글로빈의 산소 친화력이 커진다는 것이다. 역으로 헤모글로빈에서 산소 분자가 떨어져 나가기 시작하면 헤모글로빈의 산소 친화력은 급격하게 감소하게 된다. 이러한 이유로 폐포에서 산소와 결합하여 폐포보다 산소 농도가 훨씬 낮은 조직세포에 도달한 헤모글로빈은 빠른 속도로 산소를 방출하게 된다. 또한 산성 조건도 헤모글로빈의 산소 친화력을 감소시키기 때문에 상대적으로 이산화탄소가 많은 조직 세포에서는 헤모글로빈이 더 많은 산소를 공급할 수 있다.

Breathing과 Respiration

보통 이 소제목의 두 단어는 모두 '호흡'으로 번역한다. 그러나 생물학에서는 이 둘을 분명하게 구별하여 사용한다. 각 세포로 산소를 공급하고 이산화탄소를 수거하는 기체 교환이 'breathing'이다. 산소가 없으면 우리는 살 수 없다. 곧바로 질식사하고 만다. 그렇기 때문에 열심히 산소를 조직세포로 운반하는 것이다. 그런데 도대체 세포에 도달한 산소의 궁극적인 역할은 무엇일까? 이에 대한 답은 '영양소에서 에너지를 얻기 위함'인데, 세포에서 이루어지는 이러한 영양소의 산화 작용 바로 'respiration', 우리말로 세포호흡이다. 세포는 소화계가 음식을 소화하여 사용하기 편한 형태로 전달해 준 영양소에서 에너지를 추출하는 데에 산소를 이용한다.

일반 사전의 정의에 따르면, 연소(燃燒)란 물질이 공기 또는 산소 중에서 빛과 열을 내면서 타는 현상이다. 여기에 약간의 전문성을 더하면 연소는 '열과 불을 수반하는 산화반응'이라고 재정의 할 수 있다. 연소 과정에서는 빠르게 한꺼번에 에너지가 방출되지만 세포호흡에서는 천천히 단계적으로 에너지가 방출된다는 속도의 차이가 있을 뿐, 이 둘은 기본적으로 같은 반응이다. 다음 반응식에 나타난 대로 우리의 입에서 나오는 입김과 자동차 배기구에서는 나오는 수증기는 모두 같은 산화 반응의 결과물이다.

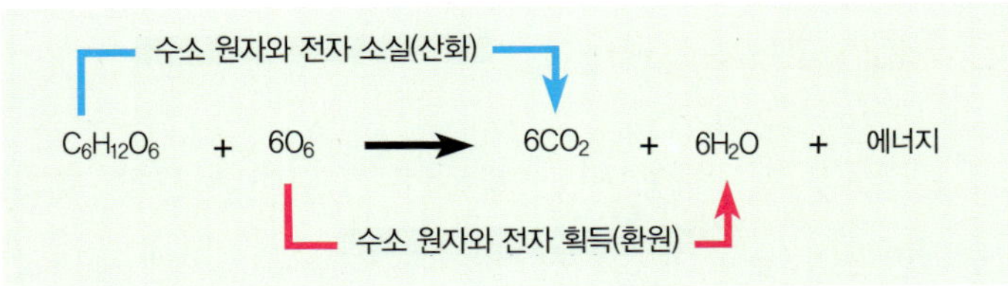

지금까지 얘기한 내용을 토대로 매일 먹는 밥이 몸 안에서 어떻게 변해 가는지를 정리해 보자. 녹말(다당류)이 주성분인 밥은 입과 위, 소장 등을 통과하면서 물리적, 화학적 소화를 통해 포도당과 같은 단당류 형태로 분해된 다음 혈액에 의해 각 세포로 전달된다. 세포에 도달한 포도당($C_6H_{12}O_6$)은 단계적으로 분해되면서 에너지를 방출하고 최종적으로 이산화탄소(CO_2)로 전환된다(광합성의 역반응임을 주목하자). 결국 광합성을 통해서 만들어진 당이 호흡에 의해 분해되면서 에너지가 방출되는 것이니, 햇빛 → 당 → 세포에너지 → 열(우리의 체온을 생각하자) 순서로 에너지가 흐르는 것이다. 마치 야구 경기에서 타자가 방망이를 휘두른 힘이 야구공에 실려 이동하는 것처럼, 생명체 내에서의 에너지 흐름은 수소 원자(H^+)와 전자(e^-)를 매개체로 이루어진다. 포도당이 분해되면서 여기에 저장되어 있던 에너지가 수소 원자와 전자에 담겨져 방출되는데, 이 에너지를 세포가 사용한다. 그리고 남겨진 빈 용기인 수소 원자와 전자는 산소와 결합하여 물이 되니, 산소는 수고하고 지친 수소 원자와 전자를 품에 안아 쉬게 함으로써 대부분 생물(모든 생물이 아님을 기억하자)의 삶을 유지시키고 있는 것이다.

산소 없이 숨쉬기

만약 산소가 사라진다면, 사람을 비롯한 모든 동식물은 모두 곧 죽을 것이다. 매우 유감스럽지만 엄연한 사실이다. 그런데 이렇게 극단적으로 암울한 상황에서도 아무런 문제없이 살아가는 생명체가 있다면 믿을 수 있겠는가? 그런 생명체가 있다. 바로 일부 미생물이다. 도대체 산소 없이 살아가는 이들은 어떻게 호흡을 한단 말인가? 호흡에서 산소가 하는 기능을 올바로 알고 있다면 이에 대한 답을 그리 어렵지 않게 찾을 수 있다. 우리가 섭취한 음식물에서 나온 전자를 최종적으로 받아들이는 것이 산소이고 이 과정을 바로 세포호흡이라고 하였다. 여기서 맨 마지막에 전자를 받는 역할에 다른 물질을 이용할 수만 있다면 호흡에 별 문제가 없을 것이다. 많은 미생물들이 우리가 가지지 못한 이 능력을 가지고 있다. 바로 산소 이외에 다른 물질을 이용한 호흡을 통해 삶을 영위할 수 있는 바로 그 능력. 이것을 산소를 이용하는 산소 호흡(유기 호흡)과 대비하여 무산소 호흡(무기 호흡)이라고 한다.

세포호흡에 참여한 산소는 대부분 물로 환원되지만, 일부는 초과산화이온(O_2^-), 과산화수소(H_2O_2), 수산화 라디칼(·OH)과 같은 활성산소가 된다. 활성산소는 체내로 침입하는 유해인자를 제거하는 데에 도움을 주기도 하지만, 활성산소가 세포 내에 과다하게 있게 되면 유전자와 단백질 등 중요한 세포 구성 물질에 손상을 입힌다. 인체에는 초과산화이온과 과산화수소를 제거할 수 있는 효소들이 존재한다. 그런데 만약 이런 효소를 가지고 있지 않다면 그 생명체는 어떻게 될까? 불행하게도 우리에게는 산소가 생명수와 같지만, 이 효소를 갖지 않은 생명체에게는 산소가 사약과 같다. 산소를 만나면 죽어버리기 때문이다. 그래서 이들은 살기 위해 산소를 피해 꼭꼭 숨어야만 한다.

생물 이름에 비호감을 더해주는 글자라면 단연 '균(菌)'일텐데, 이에 못지않은 것이 '혐(嫌)'이라는 글자다. 이 글자가 붙으면 '혐오스럽다'는 단어가 떠오른다. 그런데 이를 어찌하나. 살아보겠다고 산소를 피해 삶의 터전을 옮긴 저들에게 이 두 개의 비호감 글자를 동시에 부여하여 혐기성(嫌氣性) 세균이라고 부르고 있으니! 단순한 어감의 문제를 떠나서 혐기성 세균이라는 용어 자체가 과학적인 오해를 불러오기 때문이다. 혐기성 세균은 공기(산소)가 없다는 뜻의 'anaerobic'을 일본식 한자로 번역하면서 생긴 오류다. '산소비요구성 세균'이 훨씬 더 정확한 표현이다. 더욱이 대부분의 산소비요구성 세균은 활성산소 제거 효소를 가지고 있으면서 추가로 무산소 호흡을 할 수 있는 능력을 가지고 있다. 즉 산소가 있으면 우리처럼 산소 호흡을 수행한다는 얘기다. 따라서 혹시라도 이들의 삶에 대해 측은지심(惻隱之心)을 품는다면, 이들은 이렇게 말할 것이다 – "너나 잘하세요." 우리들의 편협한 사고의 틀 안에서 보면 산소가 없는 환경이 나쁠 것 같지만, 이들의 입장에서 다른 생물이 거의 접근할 수 없는 서식지를 한번 상상해 보자. 그들만의 세상이 아닌가.

타다 남은 동강

그 철학자는 사랑한다는 것은 베풀고 선물하는 행위, 더 나아가 연인을 위해 몸 바치는 희생을 의미한다는 말도 들려주었다. 그 말을 듣고 진지하게 진정한 사랑의 의미를 되새겨 보는 중에 문득 고등학교 음악시간에 배웠던 「사랑」이라는 우리 가곡(이은상 시, 홍난파 곡)을 읊조리다 '타다가 남은 동강은 쓸 곳이 없다'라는 구절에서 이런 생각이 들었다. 혹시 안타깝게도 그 사랑이 이루어질 수 없다면, 다른 사랑을 위해 그 남은 동강도 필요하지 않을까? 모르겠다. 사랑, 정말 어렵다! 그러나 분명한 사실은 육체적 에너지 측면에서는 남은 동강이 쓸 데가 많다는 것이다. 발효 산물이 그 주인공이다.

일상생활에서는 '미생물에 의한 식품의 어떤 변질', '술이나 산성 유제품을 생산하는 어떤 과정' 등을 발효라고 한다. 산업에서는 발효가 '공기가 있거나 없는 상태에서 일어나는 대규모의 미생물 공정'을 의미한다. 좀 더 과학적인 정의는 '산소 없는 조건에서만 일어나는 에너지 생산 과정'이다. 의아한 표정으로 고개를 갸우뚱하는 독자가 있기를 기대한다. 사실 이 정의는 과학적으로 약간 문제가 있다. 이렇게만 말하면 바로 앞에서 얘기한 '무산소 호흡'과 발효를 구분할 수 없고, 자칫 이 둘을 같은 것으로 오해할 수도 있기 때문이다. 무산소 호흡은 산소 대신 다른 물질을 사용했을 뿐 해당 유기화합물에 있는 모든 탄소가 이산화탄소로 산화되는 완전 연소다. 반면 발효는 타다 남은(덜 산화된) 최종 산물이 만들어지는 불완전 연소다. 생물학적으로 보면, 해당 생명체에게 불완전 연소는 에너지의 손실을 의미한다. 포도당을 호흡을 통해서 완전히 태우면(산화하면) 여기에 들어 있는 에너지를 모두 뽑아내고 결국 물과 이산화탄소를 버린다(배설). 그러나 발효를 하게 되면 포도당에 있는 에너지의 일부만을 사용하고 여전히 상당량의 에너지가 들어 있는 발효 산물을 배설물로 내놓게 된다. 게다가 이 배설물이 쌓이면 그 생명체에게 해롭기까지 하다. 예컨대, 보통 맥주와 와인의 알코올 함량이 각각 5%와 14% 정도인 이유가 바로 이 때문이다. 그러고 보니 우리는 미생물의 배설물을 즐기고 있었던 것이었다. 사실이다. 그러나 부디 충격을 받지는 마시라. 한 생물종의 배설물이 당사자에게는 독이 되지만, 다른 생물종에게는 약 또는 먹이(양분)가 되는 것이 대자연의 섭리이니까. 멀리 갈 것도 없이 우리 자신을 생각해 보자. 우리가 호흡을 하고 내놓은 배설물인 이산화탄소를 식물은 광합성에 이용하고, 그들이 내놓은 배설물인 산소 덕분에 우리가 살아가지 않는가! '배설'의 말맛에 속지 말고 예로부터 우리 민족이 즐겨왔던 각종 김치와 장류, 젓갈, 식혜, 등 매우 다양한 타다 남은 동강을 한껏 즐깁시다. 맛도 좋고 몸에도 좋으니.

07 인생8자

아라비아 숫자 '8'을 가만히 보고 있노라면 우리네 인생길을 보는 듯하다. 한 점에서 시작하여 멀어졌다가 중간에서 만난 다음, 다시 멀어져 가다 결국 한 점으로 모이는 모양새 때문이다. 우리가 이 세상으로 나오는 순간 남자 또는 여자라는 낙인(?)이 찍힌다. 그리고 사랑과 전쟁이라는 인생 연극의 서막이 오른다. 어느 유명한 영국 작가의 표현을 빌면 "온 세상은 무대이고, 모든 여자와 남자는 배우일 뿐이다. 그들은 등장했다가 퇴장한다. 어떤 이는 일생에 걸쳐 여러 역할을 연기한다."[4] "인생이란 무엇인가"라는 근원적인 문제에 대해 고민하다 일순간 염세주의로 빠지려 할 때가 있다. 그럴 때 이 경구

4 셰익스피어의 희곡 「뜻대로 하세요」(As You Like It) 2막 7장에 나오는 대사

는 내게 "과연 나는 어떤 배역을 하다가 몇 막에서 퇴장할까?"라는 자문을 하게 하여 의미 있는 삶을 위한 노력을 경주하게 만드는 활력소가 된다. 그런데 문득 우리 각자의 인생이 소재와 등장인물만 다를 뿐 희로애락(喜怒哀樂)이라는 주제를 다루는 장편 연극이라는 점에서 같다는 생각이 든다. 인생의 기쁨, 분노, 슬픔, 즐거움의 근본 원인은 언제나 하나인 것 같다. 바로 '사랑'. 거의 모든 예술과 문학 작품이 사랑을 다루고 있다는 것이 이를 뒷받침해 준다.

'플라토닉 러브'의 본질과 생물학적 영생(永生)

다시 한 번 그 철학자를 초대한다. 그는 정신적이고 고결한 사랑으로만 알고 있었던 '플라토닉 러브'에 대해 내가 미처 몰랐던 사실을 알려주었다.

> "영혼의 사랑을 우위에 두었던 플라톤마저 실상 육체적 사랑을 거부하지는 않습니다. 그의 「향연」을 직접 읽어본 사람이라면, 누구나 쉽게 그것을 확인할 수 있을 겁니다. 그는 도리어 영혼의 사랑에 이르는 필수적인 길로서 육체적 사랑을 그리고 있어요. 그는 육체의 아름다움에 빠져보지 못한 사람은 연인의 영혼에 도달하기 어렵다고 주장합니다. 아주 정묘한 영혼의 아름다움을 포착하기 위해서는 먼저 육체적 아름다움을 맛볼 수 있어야 하며, 그 섬세해진 감각을 통해서만 눈에 보이지 않는 영

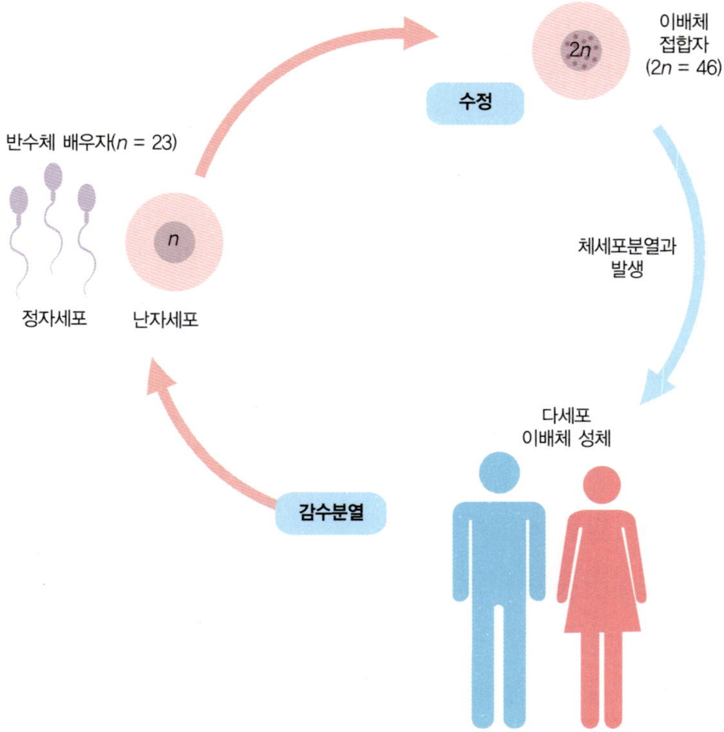

그림 7.1 사람의 생활사

혼의 정밀한 아름다움에 빠져들 수 있다는 것이지요. 육체의 아름다움에 눈을 뜨고, 그것에 대한 감각이 정교해지면서, 인간 영혼은 더 이상 둔탁한 육체의 아름다움에 시선을 고정시키기보다는 영혼의 보이지 않는 아름다움에 매혹된다는 겁니다. 결국 플라톤이 정신적이고 고결한 사랑에 우위를 두고는 있지만, 이것의 출발점으로서 육체적 사랑의 불가피성을 인정하고 있습니다. 결론적으로 그는 사랑을 '불멸하려는 욕망'으로 규정합니다."

듣던 중 반가운 얘기였다. 특히 '불멸하려는 욕망'이라는 표현은 생명체의 가장 중요한 생물학적 속성을 함축하고 있기 때문에 더 그러하다. 지구상에 존재하는 그 어떤 생명체도 죽음을 피할 수는 없다. 생물 개체는 생로병사(生老病死)의 운명을 따를 수밖에 없기 때문에 옛 진시황이 그랬던 것처럼 불로장생은 많은 사람들의 이룰 수 없는 꿈인가 보다. 그러나 생명 현상의 본질이라고 할 수 있는 DNA의 입장에서 보면 상황이 사뭇 달라진다. 해당 개체가 자손을 남겼다면 그 개체는 사라졌을지언정 유전자는 존속되고 있기 때문이다. 다시 말해서 생명체가 성공적으로 번식을 수행하는 한, 유전자는 다시 태어날 수 있는 것이고, 결국 불로장생의 꿈도 실현된 것이라 할 수 있다. 따라서 생물이 종을 유지하기 위해서 자신과 유사한 유전자 조성을 갖는 개체를 새로 만들어 내는 과정인 생식은 '불멸하려는 욕망'의 실현이자 모든 생명체의 생존 목적이라고 해도 과언이 아닐 것이다.

유전물질의 실체

DNA는 'deoxyribonucleic acid'의 약자이다. 이를 세 부분 deoxy–ribo–nucleic acid으로 나누어 살펴보면 우선 핵산(nucleic acid)이 눈에 들어온다. 말 그대로 핵 안에 들어 있는 산을 뜻한다. 1930년대에 세포에 대한 연구가 본격적으로 진행되면서 세포 안에는 각기 막으로 둘러싸인 더 작은 구조, 즉 '세포소기관'이 있음이 밝혀졌고, 그 중 가장 큰 것을 핵이라고 했다(그림 2.4 참조). 특히 세포가 분열할 때에는 핵 안에 뚜렷이 염색이 되는 여러 개의 막대 모양이 물체가 보였는데, 염색이 되니까 이를 염색체라고 하였다. 아울러 이 염색체라는 것들은 세포분열 과정에서 잠시 보였다 사라질 뿐만 아니라 두 배로 복제되어 절반씩 분열된 세포로 이동하는 것이 목격되었다. 상황이 이러하니 많은 과학자들이 핵 안에 유전물질의 실체 또는 생명의 본질에 대한 비밀이 숨겨져 있을 것이라 의심하게 되었고, 세포에서 핵을 분리하여 그 안에 들어 있는 물질을 화학적으로 분석해 보았다. 그 결과 산성을 띠고 있었고, 그래서 이 물질을 핵에서 분리한 산, '핵산'이라고 한 것이다. 사실 핵산에는 두 가지의 매우 비슷한 물질이 섞여 있다: DNA와 RNA(ribonucleic acid).

Ribo–는 5탄당(5개의 탄소 원자로 된 당)인 리보오스(ribose)를 지칭한다. 리보오스는 산소 원자를 꼭짓점으로 4개의 탄소 원자가 만드는 오각형 구조다. 나머지 탄소 하나는 4번째

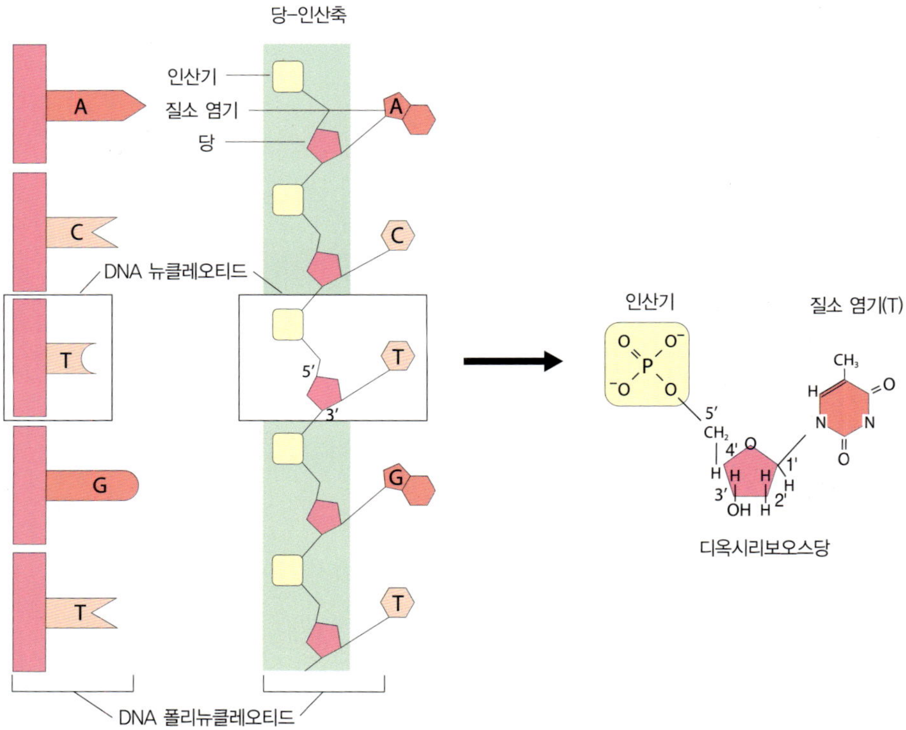

그림 7.2 DNA의 한 가닥과 구성단위인 뉴클레오티드

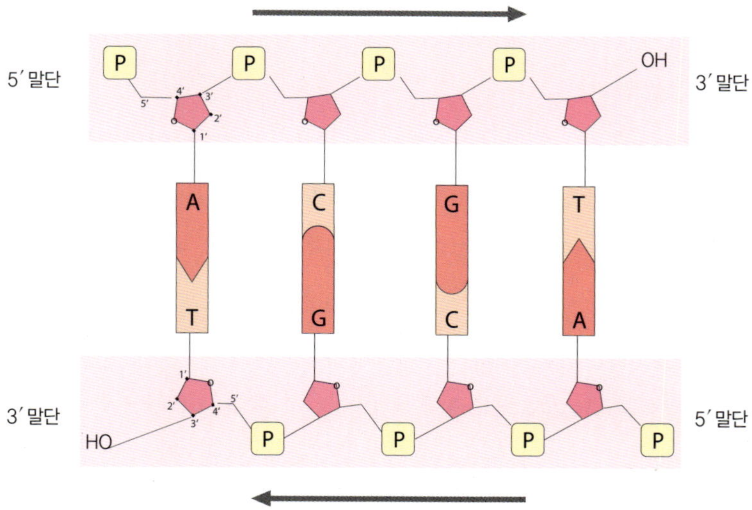

그림 7.3 두 가닥 DNA는 서로 역평행이다

탄소에 결합하여 오각형 평면 위로 돌출되어 있고, 여기에 인산기가 붙는다. 이런 구조에 염기라는 성분 하나만 더 추가되면 핵산의 기본 구조가 완성된다. 이것이 핵산의 구성단위인 뉴클레오티드(nucleotide)다. 염기에는 아데닌(A), 티민(T), 구아닌(G), 시토신(C), 이렇게 총 4가지가 있는데, 1997년 개봉된 영화 〈가타카(GATTACA)〉는 이 4개 염기의 조합으로 제목을 만들었다.

Deoxy-를 살펴보자. De-는 분리, 제거를 의미하는 접두사이고 oxy-는 oxygen, 산소를 뜻한다. 따라서 deoxy-는 산소가 없다는 얘기다. 정확히 말하면 2번 탄소에 산소가 없다. 여기에 산소가 그대로 있으면 ribonucleic acid, 즉 RNA기 된다. 결국 DNA와 RNA의 차이는 리보오스에 산소 원자 하나의 결합 유무와 RNA에는 티민 대신 우라실(U) 염기가 있다는 것이다. 우라실과 티민도 그 구조가 거의 같은 유사 물질이다. 뉴클레오티드는 하나의 레고 블록으로 생각할 수 있다. 인접한 뉴클레오티드의 인산기와 3번 탄소에 붙어 있는 수산기가 결합하여 하나의 긴 사슬을 이룬다. 이렇게 만들어진 두 개의 사슬에 있는 염기 사이의 결합으로 이중나선(double helix)을 이룬다.

바로 이 DNA가 부모에서 자손으로 전달되면서 생명의 연속성을 나타내는 유전물질의 물질적 실체이다. 기본 개념의 이해를 돕기 위해 입고 있는 옷에 비유하여 생각해 보자. 이 옷이 모두 같은 천으로 만들어졌다고 하면, 이때 천에 해당하는 것이 바로 DNA이다. 상의와 하의, 내의 등을 각각의 염색체(chromosome)에 비유할 수 있다. 그리고 이를 모두 합친 것, 즉 현재 입고 있는 옷 전부가 유전체(genome)에 해당한다.

유전물질의 전달 원리

빨간색 물감과 하얀색 물감이 섞이면 분홍색 물감이 되는 것처럼, 옛날 사람들은 부모의 유전물질이 자손에서 섞인다고 믿었다. 1860년대에 멘델(Gregor J. Mendel, 1822~1884)은 수도원 정원에서 보라색과 흰색 완두콩 꽃을 대상으로 두 세대에 걸쳐 형질 변화를 관찰 분석하여 부모가 물려주는 유전물질은 자손에서 섞이지 않고 각각의 본질을 유지한다는 것을 보여 주었다. 만약 유전물질이 섞인다면 보라색과 흰색 꽃을 가진 식물 교배로 생긴 자손의 꽃들은 세대가 지나도 모두 연한 보라색이었을 것이다. 그러나 1세대에서는 모두 보라색 꽃만 나타났고, 2세대에서는 약 3:1의 비율로 보라색과 흰색 꽃이 모두 나타났다.

멘델은 흰색 꽃에 대한 유전인자(현재의 유전자 개념)가 제1세대에서 사라진 것이 아니라 보라색 꽃 유전인자가 이를 가렸다고 추론하고, 보라색과 흰색을 각각 우성과 열성 형질이라는 용어로 표현하였다. 나아가서 멘델은 다음 네 가지 개념을 도입하여 2세대에 우성과 열성 형질의 3:1 비율로 나타나

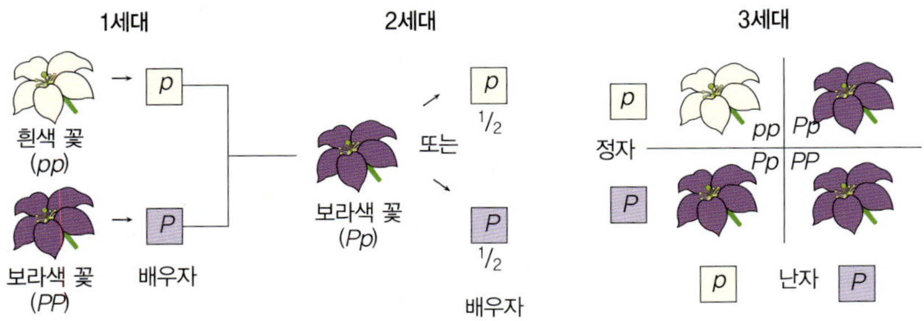

그림 7.4 우열의 법칙과 분리의 법칙

는 이유를 설명하였다(여기서는 이해를 돕기 위하여 현재 알려진 용어를 사용한다).

① 여러 가지 유전자 변이 때문에 형질이 다양해진다. 완두콩 꽃 색깔의 경우 보라색과 흰색에 대해 각각의 유전자가 존재하는데, 이를 대립유전자라고 한다.

② 생명체는 각 형질에 대하여 부모에게서 각각 한 개씩의 대립유전자를 물려받는다. (멘델은 염색체에 대한 사실을 전혀 모르는 상태에서 이러한 사실을 추론하였다.)

③ 해당 형질에 대한 대립유전자가 다른 경우에는 우성 대립유전자(영문 대문자로 표시)가 표현형(겉으로 보이는 모양새)을 결정하기 때문에 열성 대립유전자(영문 소문자로 표시)의 형질은 드러나지 않는다. 이것이 우열의 법칙이다.

④ 한 가지 형질에 대한 두 개의 대립유전자는 배우자 형성 과정에서 분리되기 때문에 정자 또는 난자에는 체세포에 있는 대립유전자 중 하나만 존재한다. 이것이 분리의 법칙이다.

멘델이 열성 형질에 대한 유전인자가 1세대 잡종에서 우성 유전인자와 함께 있어도 혼합되지 않는다는 것을 과학적으로 증명함에 따라 부모가 물려주는 유전인자는 자손에서 섞이지 않고 각각의 본질을 유지하는 입자형태라는 '입자 가설'이 이전의 '혼합 가설'은 대체하게 되었다. 그리고 멘델은 한 개체에 있어서 어떤 형질을 결정하는 유전인자는 두 개이

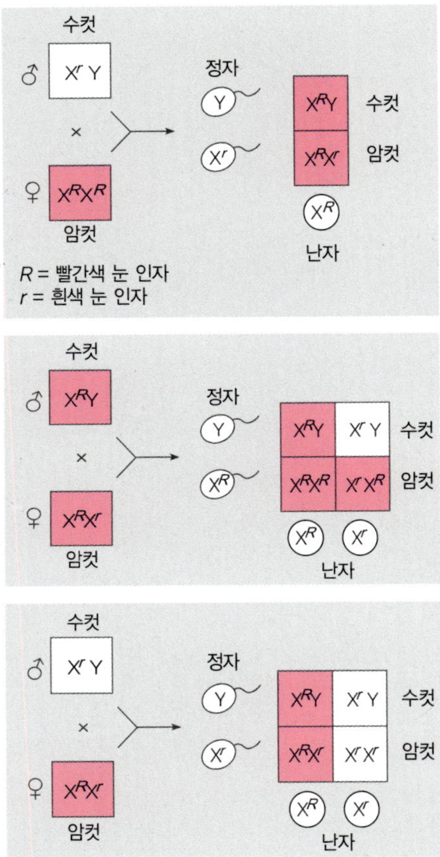

(a) 동형접합자인 빨간색 눈 암컷 x 흰색 눈 수컷

(b) 이형접합자인 빨간색 눈 암컷 x 빨간색 눈 수컷

(c) 이형접합자인 빨간색 눈 암컷 x 흰색 눈 수컷

그림 7.5 성연관 유전 양상(x: 교미를 의미)

며, 각각은 부모에게서 온다고 생각했다.

우열의 의미에 대한 오해를 미연에 방지하기 위해서 우성은 우월한 성질, 열성은 열등한 성질이라는 일상의 의미와는 다르다는 것을 분명히 밝힌다. 즉 좋은 열성도, 나쁜 우성도 있다. 대표적인 예로 쌍꺼풀, 보조개 등은 보통 원하는 우성이지만, 대머리는 원치 않는 우성이다. 2002년 영국 BBC 방송에서 금발미녀가 200년 후에 멸종될 수 있다고 보도한 데 이어, 최근에는 미국에서 천연 금발은 20명 중 1명꼴이라는 조사 결과가 알려지면서, 인종의 용광로(melting pot)라고 불릴 만큼 다양한 인종이 함께 살고 있는 미국에서 금발이 사라지는 것은 시간문제라는 우려가 나오고 있다. 왜 금발이 줄어드는 것일까? 금발은 멘델이 약 150년 전에 말한 열성 형질이기 때문이다. 적어도 서양인들에게 금발은 갖고 싶은 좋은 열성일 텐데 말이다.

1903년 미국의 세포학자 서턴(Walter S. Sutton, 1877~1916)은 세포 안에 있는 염색체의 행동을 현미경으로 관찰하여, 핵 안에 있는 염색체는 상동염색체(모양과 크기가 같은 염색체로 쌍을 이루고 있는데, 부모에게서 각각 하나씩 물려받은 것이다)끼리 쌍으로 존재한다는 사실과 생식세포가 만들어질 때, 염색체의 움직임이 멘델이 말한 유전인자의 움직임과 일치한다는 사실을 발견하였다. 이를 근거로 서턴은 생물의 유전인자가 염색체에 존재한다는 '염색체설'을 발표하였다. 몇 년 후 유전자(gene)라는 새로운 용어가 만들어져 멘델이 언급한 유전인자를 표현하게 된다. 현대 생물학에서는 생물 형질에 관한 특정 정보를 가진 DNA 조각을 유전자라고 한다. 특정 유전자는 특정 염색체상의 특정 위치를 차지하고 있다는 사실은 1920년대 미국의 발생유전학자 모건(Thomas H. Morgan, 1866~1945)의 초파리 연구를 통해서 확실하게 규명되었다. 모건은 초파리에서 X 염색체의 전달과 눈 색깔 유전이 서로 관련되어 있다는 사실을 발견하였다. 이것이 유전자가 특정 염색체에 위치한다는 것을 보여주는 최초의 확실한 증거였다. 염색체상에서 유전자의 위치를 좌위(locus)라고 한다. 동일한 염색체에 존재하는 유전자들을 서로 연관(linkage)되어 있다고 하며, 연관된 유전자들을 연관군이라고 한다.

사람의 염색체는 모두 46개로 서로 모양과 크기가 같은 23쌍의 상동염색체로 구성되어 있다. 즉 같은 형질에 관여하는 대립유전자가 같은 순서로 위치하고 있는 염색체가 짝을 이루고 있는 것이다. 이 때문에 열성 대립유전자의 형질은 겉으로 드러나지 않아 자연선택을 받지 않는다. 다시 말해서 주어진 환경에서 우성 대립유전자의 형질보다 불리하거나 심지어 해로운 경우에도, 우성 대립유전자와 짝을 이루고 있으면 숨겨진 상태로 계속 세대를 거쳐 퍼져나갈 수 있다.

생식세포 만들기

동물의 생식 기관에는 배우자(정자와 난자)

를 만드는 생식선, 배우자를 몸 밖으로 운반하는 생식관 및 그 부속기관, 그리고 외부 생식기가 포함된다. 사람의 경우, 남자의 생식 기관은 정소(고환), 부정소, 정관, 정낭, 전립선 등의 내부 생식기와 음낭과 음경의 외부 생식기로 되어 있다. 여자의 생식 기관은 난소, 수란관, 자궁, 질 등의 내부 생식기와 음핵, 음순 등의 외부 생식기로 되어 있다. 정소에 '집 소(巢)'자가 쓰였으니, 정자의 집이라는 뜻. 실제로 정자는 정소 내부를 가득 메우고 있는 세정관(細精管)에서 만들어진 다음, 부정소로 이동하여 성숙된다. 부정소에 있던 정자는 정관을 통해 요도를 거쳐 외부로 방출되는데, 정관과 요도가 합쳐지는 곳에 위치한 전립선, 정낭, 쿠퍼선 등의 부속 기관들에서 정액을 생성한다. 참고로 정자의 이동 통로인 정관을 차단하는 것이 남성 피임 수술인 정관수술의 기본 원리다. 남성의 정소에 해당하는 난소(卵巢, 알집이라는 뜻)는 난자를 생산하는데, 수란관[알을 나른다는(輸, 나를 수) 뜻]에 의해서 자궁과 연결된다. 수란관은 수정이 일어나는 장소인 동시에 수정란을 자궁으로 이동시키는 통로 역할도 한다. 자궁은 수정란이 착상하여 출산 시까지 태아가 자라는 곳이다.

체세포분열로 세포 수가 증가하는 것이 바로 우리 몸의 성장이다. 사춘기에 이르면 생식 기관이 발달하기 시작하면서 생식세포를 생산하기 시작한다. 그런데 생식세포 분열은 체세포분열과는 분명히 달라야 한다. 생각해 보자. 만약 정자와 난자가 체세포와 같은 수의 염색체를 가지고 수정을 한다면

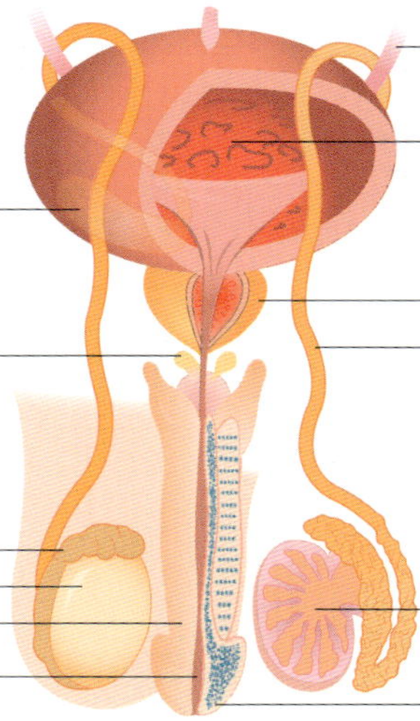

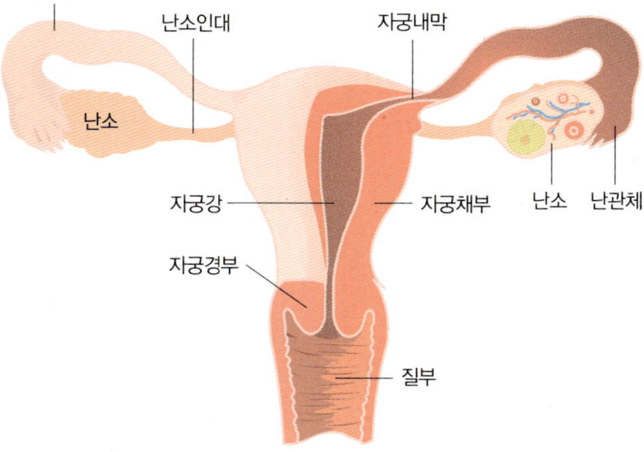

그림 7.6 남성과 여성 생식기의 구조

새로운 생명체의 염색체 수는 부모의 두 배가 될 것이다. 이를 막기 위해서 배우자는 염색체 수를 반으로 줄여야 하는데, 이 과정을 감수분열이라고 한다. 감수분열은 크게 두 번의 세포핵분열(감수1분열, 감수2분열) 과정으로 나눌 수 있으며, 각각을 다시 전기, 중기, 후기, 말기로 구분할 수 있다(그림 7.7). 또한 감수분열 과정에서 유전자 재조합(교차)이 일어나서 부모와 다른 형질을 가진 자식이 태어날 수 있다(그림 7.8). 같은 부모에서 태어난 형제자매의 모습이 모두 다른 이유도 바로 이 때문이다.

태아의 정소와 난소에는 향후 정자와 난자가 될 생식원세포가 존재한다. 남성의 경우 생식원세포는 체세포분열을 거듭하여 많은 수의 정원세포가 되고, 사춘기에 이르면 계속 분열 및 성장하여 감수분열과 복잡한 분화 과정을 거쳐 정자가 된다. 이후 남자는 평생에 동안 정자를 생산해 낸다. 반면, 여성은 난원세포가 체세포분열에 의해 제1난모 세포가 된 상태로 태어나기 때문에 신생 여아의 난소에는 이미 감수1분열의 전기에 멈춰 있는 수많은 제1난모 세포들이 존재한다. 사춘기에 이르면 중단되었던 제1난모 세포의 감수분열이 다시 시작되는데, 선택된 제1난모 세포만이 약 28일을 주기로 감수분열을 진행한다. 여성은 일생동안 대략 400개 정도의 난자만을 만들기 때문에 대부분의 제1난모 세포는 폐경기에 이르러 난소가 퇴화되면 함께 소멸된다.

요사이 대중매체를 통해서 여성의 폐경기 치료를 위한 계

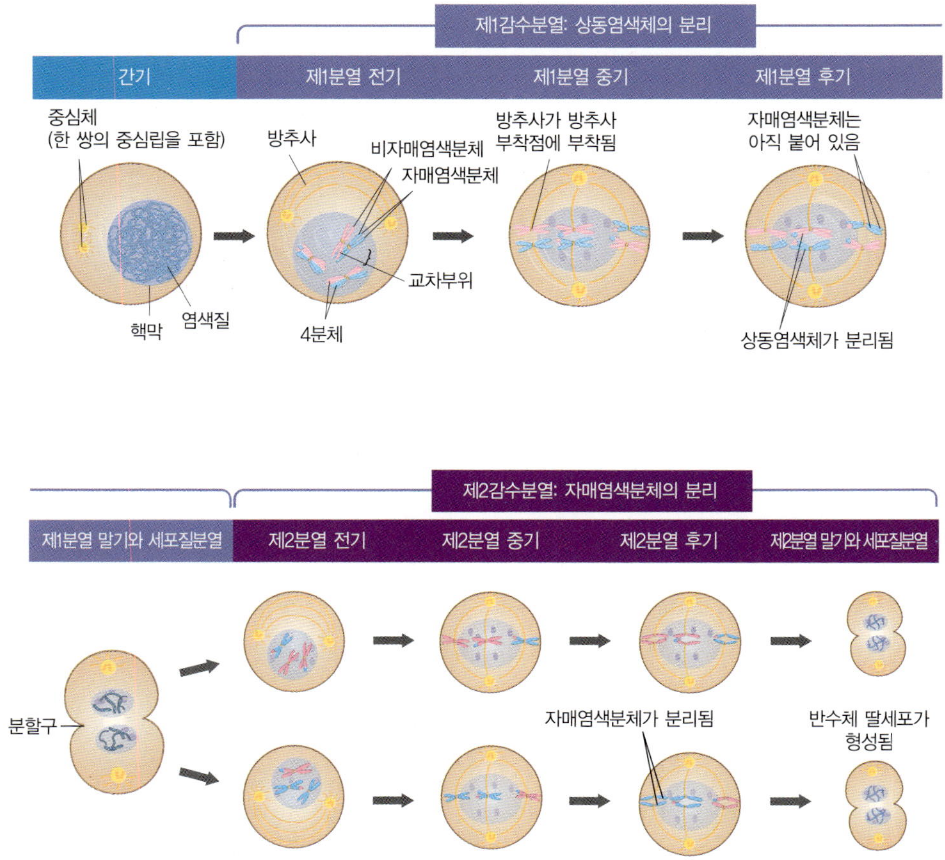

그림 7.7 감수분열

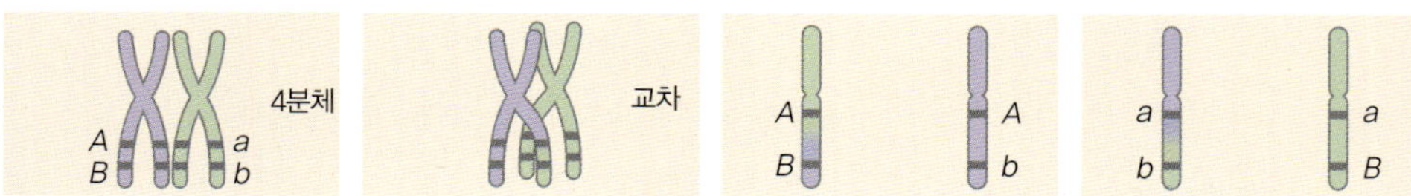

그림 7.8 교차에 의한 유전자 재조합

몽 또는 홍보성 정보를 자주 접하게 된다. 통상 50세 전후로 찾아오는 폐경기는 글자 그대로 월경이 없어지는 시기로서 이에 따른 많은 신체 변화를 겪게 되는 때다. 노화의 한 과정으로 큰 문제없이 넘기는 여성도 있지만 다양한 문제에 직면하여 적잖이 어려움을 당하는 여성도 상당수라고 한다. 난소에서는 두 가지의 호르몬, 에스트로겐과 프로게스테론이 생성된다. 에스트로겐은 사춘기에 여성의 2차 성징이 나타나게 하고, 그 후로도 월경과 임신 등에 중요한 기능을 수행할 뿐만 아니라 유방, 근골격계 등 몸 전체에 걸쳐 다양한 작용을 한다. 자궁에 작용하여 임신을 건강하게 유지시키는 프로게스테론은 유방에도 작용하여 유선을 발육시킨다. 나이가 들어 난소가 노화되면 이들 호르몬의 생성이 감소되고, 그 결과 여러 육체적, 정신적 변화가 나타나는데 이를 폐경기증후군이라고 한다. 1960년 53.7세였던 대한민국 여성의 평균 수명이 2013년에는 85세로 늘어났다. 따라서 우리나라 여성 대부분은 폐경 후 약 30년 이상을 보내게 되는 셈이니, 폐경기에 대한 관심이 높아질 만한 이유가 있었다.

불완전한 둘이 만나 완전한 하나가 되기까지

"전하, 정빈마마께서 수태(受胎)를 하신 듯 하옵니다." 사극에서 종종 들을 수 있는 대사다. 아이를 가졌다는 뜻인 '수태'라는 단어를 생물학적으로 풀어보면 수정과 착상이라는 두 가지 의미다. 수정은 수란관에서 난자가 정자를 만나 이들의 핵이 융합하여 수정란이 만들어지는 과정이다. 수정란은 수란관 내벽에 있는 섬모와 연동운동에 의해서 자궁으로 운반되는데(그림 7.6 참조), 이동 중에 분열을 계속하여 자궁에 도달할 쯤에는(수정 후 약 7일) 속이 빈 포배 상태로 자궁 내막에 들어가 자리를 잡고 발생을 시작한다. 이것을 착상이라고 하며, 이때부터 임신이 되었다고 한다. 사람의 경우, 4주째가 지나면 배아의 크기는 처음보다 약 500배 커진다. 7주째가 되면 머리와 몸통, 팔다리의 형태가 구별이 되고 생식기관이 만들어지기 시작한다. 특히 뇌가 급속도로 발달하기 시작한다. 사람의 임신 기간은 수정이 이루어진 후 평균 266일, 대략 9개월이어서 3개월씩 3분기로 구분한다. 9주 이후부터는 배아가 아니라 태아라고 부른다.

유전자로 인간을 어디까지 설명할 수 있을까?

동물 행동의 진화론적 기초와 함께 그 진화된 반응들이 해당 종의 생존과 번식에 어떻게 기여하는지를 과학적으로 연구하는 동물행동학(ethology)에서는 적응도(fitness)라는 핵심어로 동물행동 양상을 설명한다. 적응도란 특정 동물 집단 내에서 한 개체가 자손을 생산하는 능력이며, 그

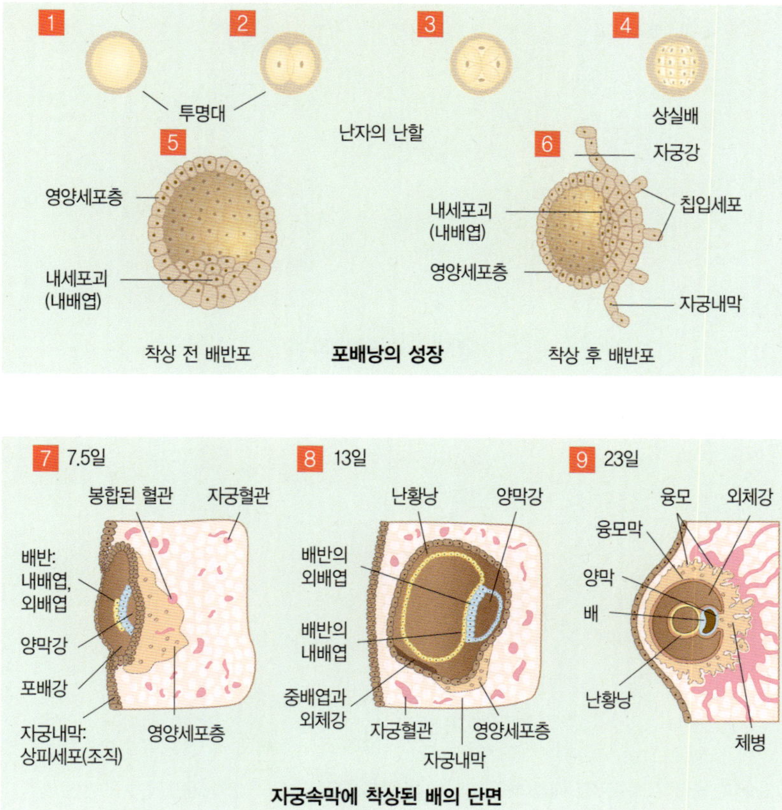

그림 7.9 포유류의 배발생

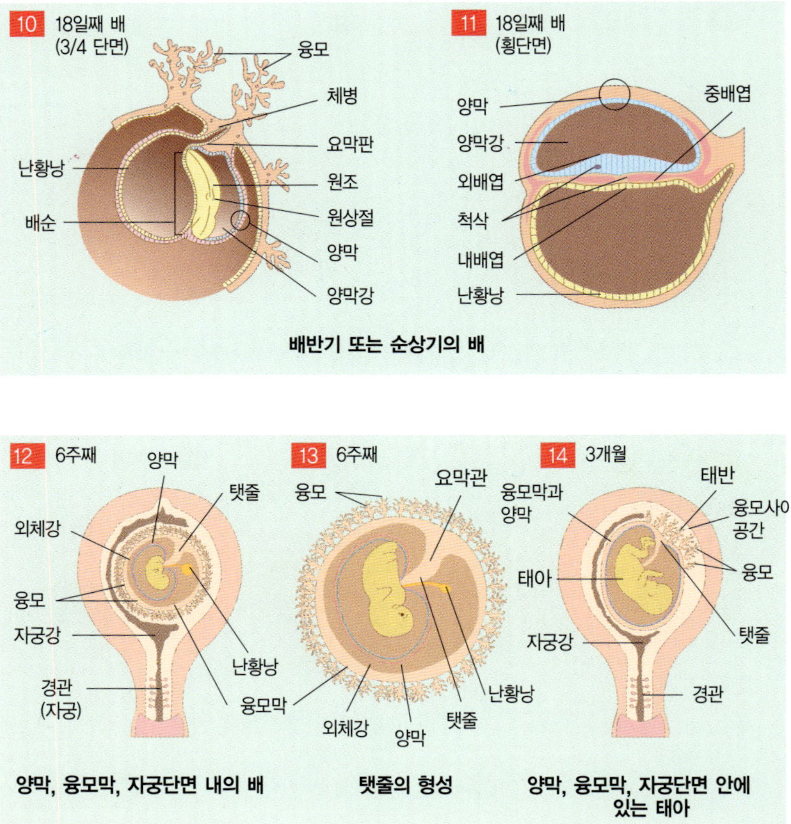

그림 7.9 포유류의 배발생 (계속)

개체가 생산해 낸 개체의 수로 측정할 수 있다. 한 생물이 더 많은 자손을 남기면 다른 개체들에 비해 상대 적응도(relative fitness)가 더 높다고 한다.

적응도를 높이는 것이 동물 행동의 궁극적인 목적이라면 모든 동물은 필연적으로 이기적일 수밖에 없다. 그런데 동물들을 관찰하면 위 설명과 배치되는 행동, 즉 이타적 행동을 종종 목격하게 된다. 일례로 미국 서부에 사는 다람쥐의 일종인 벨딩땅다람쥐(Belding's ground squirrel)는 포식자를 보는 즉시 두발로 서서 소리를 지른다. 그 결과 주변의 다른 다람쥐들은 땅에 숨고 자신은 잡혀 먹히는 경우가 많다. 이처럼 어떤 동물이 자신의 적응도를 떨어뜨리지만, 같은 개체군에 속한 다른 개체의 적응도를 높이는 방향으로 행동하는 것을 이타주의(altruism)라고 한다. 왜 동물은 자신의 위험을 감수하면서 이타주의를 나타내는가? 벨딩땅다람쥐의 경우 이타주의 행동의 주인공은 거의 대부분 암컷이다. 대부분의 포유류가 그렇듯이 암컷 다람쥐들은 태어난 곳 근처에 서식하는 반면, 수컷들은 자기가 태어난 곳에서 멀리 떨어져 정착을 한다. 결국 암컷은 주변 다람쥐들과 가까운 친족이기 때문에 이들을 도움으로써 간접적이지만 자신의 유전자를 퍼뜨릴 수도 있다는 해석이 가능하다.

"I would lay down my life for two brothers or eight cousins." 유전학자이자 진화생물학자인 홀데인(John B. S. Haldane, 1892~1964)이 남긴 말인데, 동생은 자신의 유전자 절

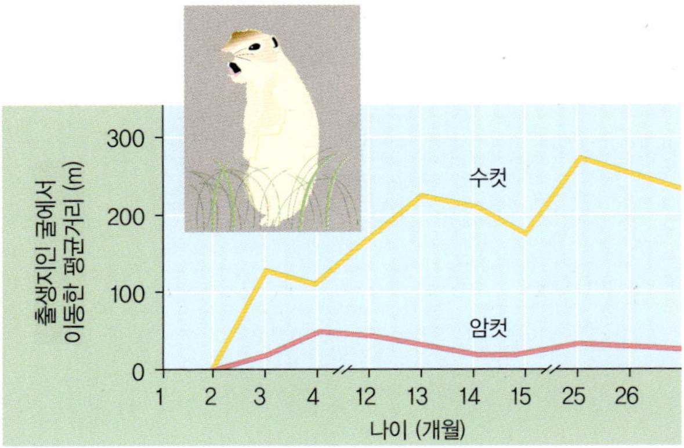

그림 7.10 수컷과 암컷 벨딩땅다람쥐의 서식처 비교

반을, 조카는 8분의 1을 공유하고 있기 때문에 자신이 죽어 2명의 동생 또는 8명의 조카를 살릴 수만 있다면 지구상에 자신의 유전자를 남기는 데 차이가 없다는 주장이다. 이러한 주장은 1960년대에 영국의 진화생물학자인 해밀턴(William D. Hamilton, 1936~2000)에 의해 해밀턴의 법칙(Hamilton's rule)으로 체계화되었다. 해밀턴은 자신의 유전자가 다음 세대로 전달되기를 바라는 것이 종족보전 본능이라고 보고, 자연 공동체에서 자신과 혈연관계가 있는 개체들을 도울 수만 있다면 동물도 이타적 행동을 하게 된다고 설명했다. 이 법칙에 따르면, rB 〉 C 일 때 이타행동이 선택된다. 이 식에서 r은 혈연계수(같은 유전자 비율), B는 이타 행동으로 더 얻게 되는 평균 이득(자손 수), C는 이타 행동을 한 개체가 지불할 비용(잃게 될 자손 수)이다.

진화적 관점에서 보면 인간도 다른 동물과 마찬가지로 유전자의 지배를 받는 치열한 생존 경쟁의 산물이고, 인간의 행동은 유전자와 환경 간 상호작용의 결과다. 그러나 인간은 사회 제도와 문화를 가지고 그 경쟁을 통제하고 가치와 윤리를 추구한다는 점에서 다른 동물과 확연히 구분된다. 문화란 관찰이나 학습을 통해 해당 집단에 속한 인간의 행동에 영향을 미치는 정보가 전달되는 시스템으로 정의할 수 있다. 이런 문화가 개인의 행동에 변화를 주어 인간의 적응도에 영향을 미칠 수 있다.

08
생명체의 기원과 역사

지금까지는 주로 인간을 중심으로 생명체가 어떻게 살아가는지에 관해 이야기했다. 이번에는 과거와 현재를 오가며 다양한 생물들이 지구에서 어떻게 생겨나서 살게 되었는지를 살펴보자. 그러기 위해서는 증거와 단서를 가지고 사건의 전말을 밝히려는 탐정처럼 논리력과 추리력, 상상력 등을 동원하여야 한다. 지구 생명의 역사를 재구성하는 것은 수많은 쪽이 찢어지고, 그나마 온전한 쪽에도 많은 글자가 지워진 아주 오래된 책 한 권의 내용을 추론하는 것에 비유할 수 있다. 이러한 추론 작업을 위해서 과학자들의 끊임없이 연구를 수행하고 있다.

증거와 단서들

우주 대폭발설에 의하면 지구는 거대한 수소(H_2)의 집합체가 높은 압력과 온도에 의해서 더 무거운 원소로 전환되고, 결국 폭발한 후에 다시 여러 개로 뭉쳐져서 만들어진 천체 중 하나라고 한다. 탄생한 지 약 45억 년이 넘은 지구는 처음 2억 년 동안 표면의 온도가 100℃ 이상이었을 것이라 추정된다. 지구가 얼마나 빨리 식었는지에 대해서는 정확하게 알 수 없지만 지구가 상당히 뜨거운 상태에서 최초의 원시 생명체가 출현했으며, 이 시기에는 수소가 다른 원자들과 반응하여 암모니아(NH_3), 메탄(CH_4), 수증기(H_2O) 등이 증가하여 환원성 대기가 형성되었을 것으로 추측하고 있다.

두 번째 이야기에서 언급한 대로 최초의 생명체가 정확하게 언제 탄생했는지는 모르지만 세균을 비롯한 미생물들이 적어도 35억 년 동안 생명의 진화를 주도해왔다는 것은 확실하다. 가장 혁신적인 사건은 산소발생형 광합성 미생물의 출현이다. 이로 말미암아 무산소 상태의 환원형 대기가 점점 산화형 대기로 변화됨에 따라 산소를 이용하여 호흡하는 생물의 진화가 가능해졌다. 반대로 활성산소를 견딜 수 없는 미생물들은 생사의 기로에서 살기 위해서 산소를 피해 숨어버리거나, 새로운 환경에 적응하도록 변화할 수밖에 없었을 것이다. 동일한 화합물을 이용하더라도 산소를 이용한 호흡을 통해서 상대적으로 많은 양의 에너지를 얻을 수 있는 생명체들

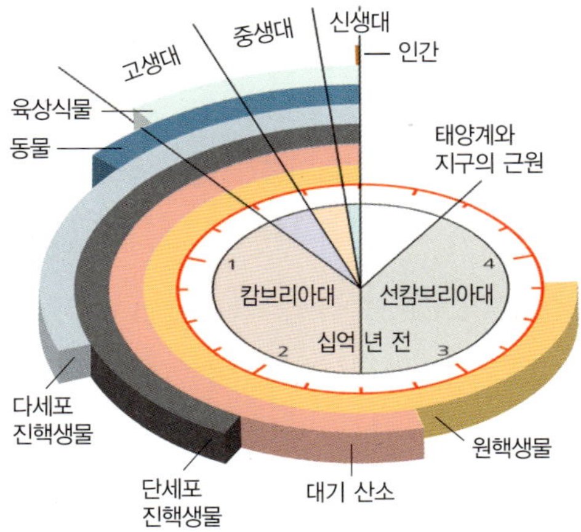

그림 8.1 생물 출현의 역사

표 8.1 지질학적 기록에 기초한 생물의 역사

시대별 상대적인 시간: 신생대 / 중생대 / 고생대 / 선캄브리아 시대

지질학적 연대표

시대	시기	기	년전	주요사건
신생대	제4기	현세	1만	역사시대
		빙하	180만	빙하; 인간 출현
	제3기	선신세	500만	유인원
		중신세	2,300만	포유류와 피자식물
		점신세	3,500만	원숭이류의 기원
		시신세	5,700만	속씨식물 우세; 포유류의 기원
		효신세	6,500만	포유류, 조류, 화분매개 곤충
중생대	백악기		1억 4,400만	현화식물; 공룡을 포함한 많은 생물체가 말기에 멸종됨
	쥐라기		2억 600만	겉씨식물 우세; 공룡들이 다양하게 증가
	삼첩기		2억 4,500만	겉씨식물 우세; 공룡이 퍼져나감
고생대	이첩기		2억 9,000만	해양생물, 육상생물 사라짐; 파충류; 포유류 같은 파충류, 곤충 출현
	석탄기		3억 6,300만	유관속식물; 종자식물; 파충류의 기원; 양서류 우세
	데본기		4억 900만	경골어류의 다양화; 양서류와 곤충류 최초로 출현
	실루리아기		4억 3,900만	턱뼈 없는 어류의 다양화; 턱뼈 있는 어류의 최초 출현
	오르도비스기		5억 1,000만	유관속식물과 절지동물 출현; 해조류 풍부, 식물과 절지류의 번성
	캄브리아기		5억 4,300만	대부분의 현대 동물문 기원
선캄브리아 시대			6억	무척추동물의 다양화;
			22억	척추동물 출현; 조류의 다양화
			27억	최초의 진핵생물 화석
			35억	대기에 산소 축적
			46억	최초의 원핵생물 화석
				지구의 기원

은 나날이 더 큰 집단으로 번성하면서 새로운 형태의 생물로 진화할 수 있는 기회를 증가시킬 수 있었을 것이다. 화석 기록 증거에 의하면 지구 대기 중에 산소가 축적되는 시점부터 다양한 생명체들이 급속도로 나타나기 시작하였다.

화석은 생명체의 역사를 보여 주는 가장 기본적이고 직접적인 증거라고 할 수 있다. 퇴적물은 밑바닥에서부터 차곡차곡 쌓이므로 지층은 아래쪽에 있는 것일수록 더 오래된 것이다. 과학자들은 방사성 연대측정법 등을 이용하여 화석이 발견되는 퇴적층의 연대를 추정하여 표 8.1과 같은 연대표를 만든다.

생명체를 이루는 탄소화합물의 생성

과학은 실험과 관찰이 가능한 것을 통해서 결론을 이끌어내는, 즉 결과를 보고 그 원인이나 작용원리를 이해하려는 시도라고 할 수 있는데, 생명체에 대한 의문을 풀 때도 마찬가지다. 모든 생물은 지구상에 존재하는 원소들로 이루어져 있다. 지금까지 자연계에 존재하는 것으로 알려진 원소는 92가지이고 그 중에 약 25가지가 생명체에게 필수적인 것들이다. 이것은 자연계에 존재하는 여러 원소들이 마치 레고 블록처럼 조립되어 우리 인간을 비롯한 생물들의 몸을 구성한다는 얘기다. 그런데 생명체를 이루기 위해서는 탄소나 수소 원소와 같은 단순한 물질이 아니라 탄소화합물과 같은 더 복잡한 물질이 필요하다. 따라서 원시 지구에서 생명체가 어떻게 발생할 수 있는지를 알아보려면, 단순한 물질로부터 더 복잡한 화합물이 만들어질 수 있는지, 또 여기서부터 세포가, 그리고 단세포 생물에서 다세포 생물이 생겨날 수 있는지에 대한 검증이 필요하다.

1953년 스탠리 밀러(Stanley L. Miller, 1930~2007)라는 23세의 젊은 대학원생이 간단한 물질에서 복잡한 물질이 저절로 만들어질 수 있는지 여부를 알아보는 실험을 수행했다(그림 8.2). 이 실험의 핵심은 당시 과학계에서 추정하는 있던 원시 지구의 환경을 실험실에서 재현한 것이었다. 원시 지구의 대기에는 산소 없이 메탄, 암모니아, 수소, 일산화탄소 등의 기체들이 있었다고 알려져 있었기 때문에 이에 맞게 공기를 구성하였고, 뜨거웠던 원시 지구의 바다를 모방하여 물을 끓여 수증기를 만들고, 마지막으로 원시 지구에서 자주 일어났을 거라고 추정되는 번개를 흉내 내어 전기 방전을 일으켰다. 실험이 시작되고 일주일 정도가 지나자, 비에 녹아 용해된 물질이 내려오는 것을 재현한 부분에서 생명체의 핵심 성분인 단백질을 구성하는 아미노산을 비롯한 다양한 탄소화합물이 만들어진 것을 발견하였다. 이 실험 결과의 의미는, 이것으로 인해 당장 생명체의 탄생 과정이 입증되었다는 것이 아니라, 원시지구의 대기에 존재했던 메탄, 암모니아, 수소, 일산화탄소, 수증기 등과 같은 단순한 무기화합물로부터 생명체를 이

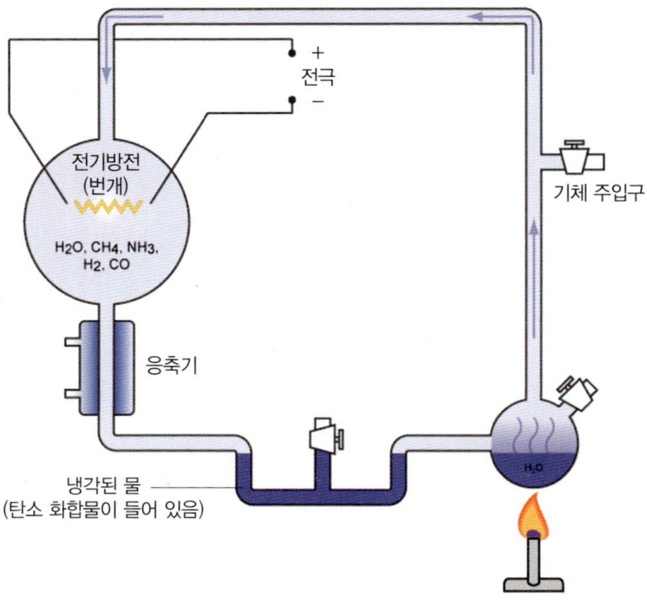

그림 8.2 밀러의 실험

루는 데에 필요한 복잡한 유기화합물이 저절로 만들어질 수 있었다는 가능성을 보여 주었다는 것이다.

원시 세포의 탄생

밀러의 실험 결과를 가지고 생명체 탄생을 논하기는 아직 너무 이르다. 제대로 된 생명체가 탄생하려면, 먼저 생명체의 최소 단위인 세포가 만들어져야 할 것이다. 특히 안과 밖, 자기(self)와 비자기(nonself)를 구분할 수 있는 경계, 즉 세포막이 생겨야 한다. 그리고 그 안에 유전물질인 핵산(DNA)이 담겨야만 한다. 지금까지 알려진 모든 생물의 세포는 지질막으로 덮여 있다. 이에 착안해, 과학자들이 지질막과 DNA를 시험관에 함께 넣어 건조시킨 후에 다시 물을 넣어주는 실험을 했다. 결과는 놀라웠다. 지질이 저절로 공 모양의 구조로 만들어졌고, 일부는 그 안에 DNA가 들어 있어서 세포의 기본 형태를 갖춘 것처럼 보였다. 그렇다면 원시 지구에서 밀러의 실험에서 보여준 것과 같은 자발적 반응을 통해 지질막과 DNA 등이 저절로 만들어졌고, 이 물질들이 우연히 만나 섞이면서 원시 세포 탄생의 길을 열지는 않았을까? 아직 완전히 입증할 수는 없지만, 그렇다고 그 가능성을 완전히 배제할 수도 없는 노릇이다.

잘 알려진 대로 현존하는 모든 생물은 DNA라는 유전물질

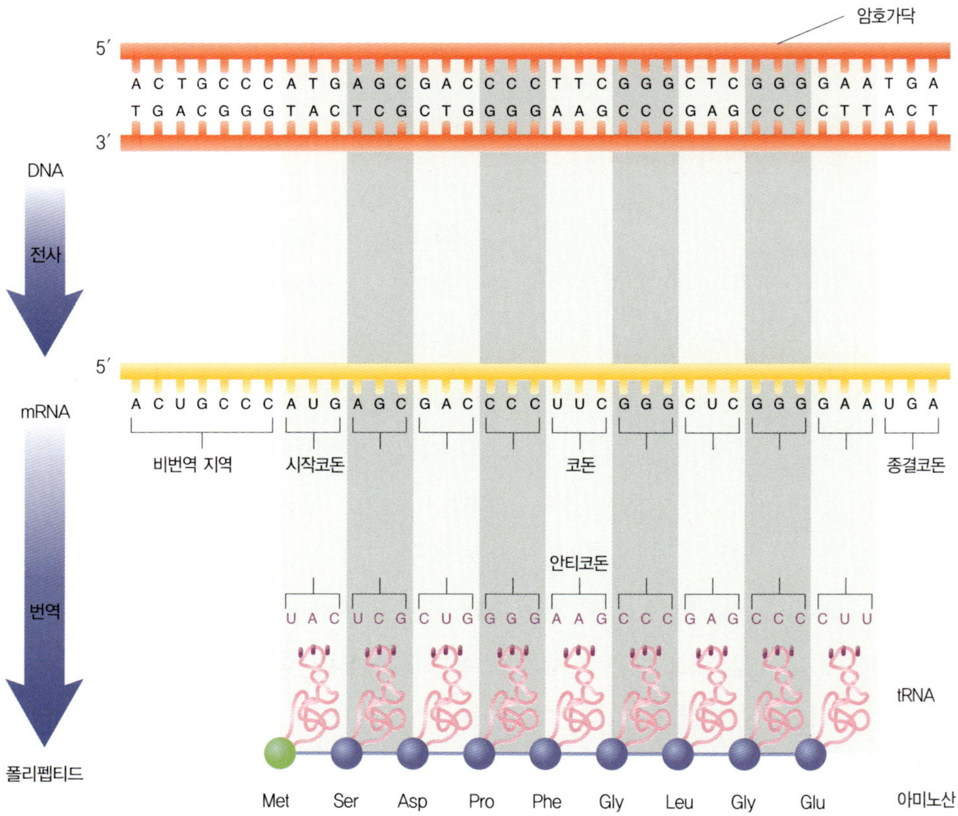
암호가닥
5′
3′
A C T G C C C A T G A G C G A C C C T T C G G G C T C G G G G A A T G A
T G A C G G G T A C T C G C T G G G A A G C C C G A G C C C C T T A C T
3′
5′
DNA
전사
5′
3′
mRNA
A C U G C C C A U G A G C G A C C C U U C G G G C U C G G G G A A U G A
비번역 지역
시작코돈
코돈
종결코돈
번역
안티코돈
U A C U C G C U G G G G A A G C C C G A G C C C C U U
tRNA
폴리펩티드
Met
Ser
Asp
Pro
Phe
Gly
Leu
Gly
Glu
아미노산

그림 8.3 중심원리

을 가지고 있다. DNA에 해당 생물에 대한 모든 정보가 담겨 있기는 하지만, 그 자체만으로는 아무 능력도 발휘할 수가 없다. 마치 컴퓨터에 깔려 있는 프로그램과 같은 이치다. 누군가가 그 프로그램을 열기 전에는 그저 컴퓨터 하드 디스크에 있는 파일에 불과한 것처럼 말이다. 살아 있는 생물의 경우에는 DNA에 있는 정보가 단백질로 만들어질 때 비로소 제 기능을 하게 된다. 단백질이 대부분의 생명 현상을 수행하기 때문이다.

DNA에 있는 정보를 끄집어내는 과정은 두 단계로 일어난다. 즉 DNA는 RNA로 전사(transcription)되고 단백질로 번역(translation)되는데, 이 과정을 중심원리(central dogma)라고 부른다. 전사(轉寫)의 일반 의미는 '글이나 그림 따위를 옮기어 베낌'이다. DNA와 RNA의 기본 화학 성분과 구조가 거의 같다는 사실에 비추어 보면 'DNA의 유전정보가 전령 RNA에 옮겨지는 과정'을 전사라고 명명한 이유를 알 수 있다. 한편 RNA로 복사된 유전정보가 단백질로 전환되는 과정은 4개의 염기(A, G, C, T)로 구성된 언어가 20개의 아미노산으로 이루어진 단백질 언어로 바뀌는 것이기 때문에 번역이라고 부른다.

현존하는 모든 생물은 이 중심원리를 따르고 있다. 그렇다면 초기 생명체도 이와 같은 원리에 따라서 DNA에서 RNA를 거쳐 단백질을 만들 수 있는 체계가 구축이 되었어야 할 텐데 문제는 DNA의 정보를 RNA로 만드는 과정과 해당 RNA 정보를 가지고 단백질을 만드는 과정에는 모두 단백질 효소가 필요하다는 것이다. 그런데 이런 단백질의 정보는 다름 아닌 DNA에 있기 때문에 단백질을 만들기 위해서는 DNA의 유전 정보가 필요하고 이 정보를 발현시키기 위해서는 다시 단백질이 필요하다는 순환 고리에 빠지게 된다. 이런 문제를 해결하려면, DNA처럼 유전정보를 담을 수 있고 단백질 효소처럼 유전정보를 읽어낼 수 있는 두 가지 기능을 모두 가진 물질이 있어야 할 터인데, RNA가 유력한 후보로 거론되고 있다. 그 근거로는 유전정보를 담고 있으면서도 단백질 효소처럼 촉매 작용을 하는 리보자임(ribozyme)이라는 RNA 분자와, 독감 바이러스나 에이즈 바이러스처럼 RNA를 유전물질로 가지고 있는 바이러스의 존재 등을 들 수 있다. 즉 원시 지구에서 탄생한 최초의 생명체는 유전정보를 저장하고 이를 읽어낼 수 있는 효소의 기능을 겸비한 RNA를 가지고 있었을 것이라는 추측을 해 볼 수 있다. 이것이 바로 'RNA 세상(RNA world)' 가설이다.

다시 한 번 정리해 보면, 원시 지구 환경에서는 핵산과 지질, 단백질 등의 조각들이 저절로 만들어질 수 있었을 것이다. 화산 분출로 나온 뜨거운 용암이나, 이 때문에 뜨거워진 바위 근처에서는 화학 반응의 속도가 더 빨랐을 것이고 따라서 핵산과 같은 고분자화합물이 만들어지는 반응도 빠르게 진행될 수 있었을 것이다. 이렇게 합성된 고분자화합물들이 섞이게 되었고, 그 중에는 지질막 안에 RNA가 들어간 것도 있었을 것이다. 이런 과정을 통해 최초의 원시 세포가 나타나게 되었고, RNA는 화학적 변이를 거쳐 정확성과 안정성이 향상된 복제자인 DNA로 바뀌게 되었다는 시나리오다.

원시 세포의 진화

두 번째 이야기에서 현생 생물의 모든 세포는 내부구조에 따라 원핵세포와 진핵세포로 구분할 수 있다고 하였다. 기본적으로 세포막 안에 유전물질 정도가 들어 있는 구조인 원핵세포는 바로 앞서 얘기한 초기 원시 세포를 많이 닮았다. 하지만 진핵세포는 세포 내에 여러 소기관이 존재하기 때문에 또 다른 사건이 있었을 것이라 생각된다. 이에 대한 단서를 미토콘드리아와 엽록체에서 발견할 수 있다. 이들은 세포의 핵에 있는 DNA와는 별도로 자신들만의 DNA를 가지고 있고 또 이들은 독립적으로 복제를 한다. 게다가 엽록체와 미토콘드리아는 원핵세포와 매우 유사하다. 이로부터 먼 옛날에 광합성 또는 유산소 호흡을 하며 자유생활을 하던 원핵세포가 다른 세포에게 잡아 먹혀 내부로 들어와 독립성을 잃어버리고 자리를 잡으면서 현재 진핵세포의 형태가 된 것이 아니냐는 한 가지 추론이 가능한데, 이를 내부공생설(endosymbiotic theory)이라고 부른다.

지금까지는 단세포 생물의 출현에 대한 추리였다. 그렇다

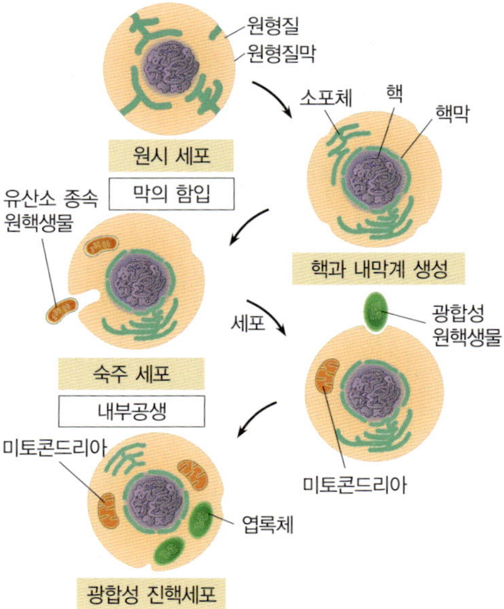

그림 8.4 진핵세포 기원의 모델

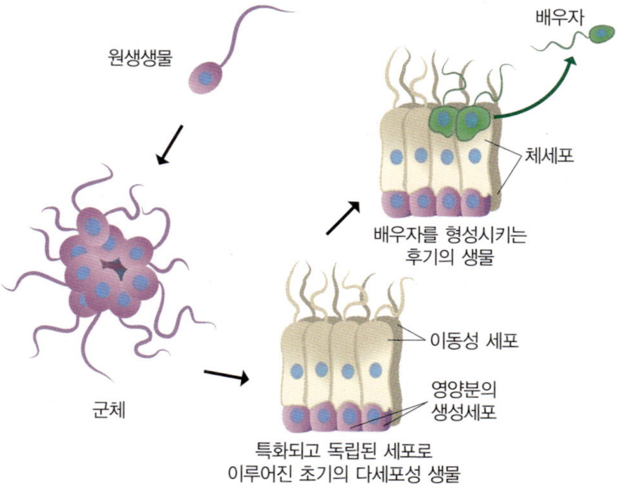

그림 8.5 단세포성 원생생물에서 다세포성 생물이 생겨나는 과정을 설명하는 가설

면 다세포 생물로는 어떻게 진화했을까? 일단 세포들이 모여야 했을 것이다. 다세포 생물은 각기 독립생활을 하던 세포들이 모여 군체 생활을 했던 단세포 원생생물에서 시작되었을 것으로 생각한다. 군체를 이룬 세포들이 그렇지 않은 세포보다 비교 우위를 점하게 되면서 서로 연관된 상태로 특화되어, 군체를 이룬 세포들이 생식을 포함한 여러 종류의 특화된 역할을 효율적으로 수행할 수 있게 되지 않았을까? 녹조류에 속하는 볼복스처럼 군체를 이루어 살면서 세포들 중 일부가 특수화되거나 서로 공조하는 협동 체제를 이루고 있는 원생생물을 지금도 볼 수 있다는 것이 이와 같은 추론을 가능하게 하는 근거다.

이쯤에서 예리한 독자라면 "이건 파스퇴르가 이미 150여 년 전에 잠재운 자연발생설을 다시 주장하는 것이 아닌가?"라는 질문을 해올 것이다. 좋은 지적이다. 무생물에서부터 시작하여 생명체의 탄생을 논했으니, 그렇게 생각하는 것은 당연하다. 하지만 여기서 소개한 생명체 탄생의 얘기는 현재의 지구에서가 아닌 원시 지구라는 점을 기억하자. 현재 지구의 대기는 수억 년 동안의 광합성 결과로 산소가 공기의 약 20%를 차지한다. 이렇게 대기에 풍부해진 산소는 유기화학물질을 쉽게 산화시켜 원시대기에서와 같은 화학반응이 일어나는 것을 사실상 원천적으로 봉쇄한다. 설사 부분적으로나마 산소가 없는 환경이 조성되어 유기분자가 생성된다 하더라도 세균을 비롯한 미생물들이 이를 가만히 놔두지 않을 것이다.

이들이 에너지가 풍부한 유기분자들을 마파람에 게 눈 감추듯 먹어치울 테니까!

이 이야기에서는 지구상에 최초 생명체들이 어떻게 도래하였는지에 대한 몇 가지 과학적 추론, 즉 가설들을 소개했다. 현재 과학계에서 널리 받아들여지고 있는 가설들이지만, 여기에 이견을 표하는 과학자들도 있음을 밝혀둔다. 다음 이야기에서는 여기서 설명한 과정이든 아니면 또 다른 방법을 통해서이든 어쨌거나 최초 생명체가 탄생했다는 것을 전제로, 그 이후부터 오늘날에 이르기까지 어떻게 이렇게 다양한 생물이 생겨났는지에 대해서 함께 생각해 보도록 하자.

09
생명체의 진화

생물학에서는 인간을 비롯한 다양한 생물이 '왜 존재하는가?'라는 궁극 질문(ultimate question)보다는 '어떻게 존재하게 되었는가?'라는 근접 질문(proximate question)에 대한 답을 찾고자 노력한다. 이런 과정에서 생물학자들은 가용한 모든 정보와 실험 결과, 관찰 가능한 모든 것을 근거로 가설(hypothesis)을 세우고, 이를 검증하기 위해서 실험을 하기도 하고 또 다른 관찰을 하기도 한다. 검증 과정에서 가설이 맞지 않으면 폐기되거나, 수정·보완되어 다음 검증을 받는다. 이런 과정에서 가설이 살아남아 계속 다듬어지면 이론(theory)으로 발전한다. 생물학에서 말하는 진화는 '가설'이 아니고 '이론'이다. 다윈이 최초로 가설을 제시하였고 그 이후 생물학의 발달 과정에서 이를 부정할 수 있는 실험 결과가 나오지 않았다.

게다가 현대 진화 이론을 부정하려면 그 동안 생물학에서 쌓아온 수많은 연구 성과와 심지어 물리학과 화학에서 규명한 과학적 사실의 일부까지도 부정해야 한다. 그렇기 때문에 진화론은 쉽게 폐기하기 어려운 이론으로 자리 잡았다. 물론 이론은 여전히 가설의 속성을 지니고 있고 계속 검증 중이기 때문에 이에 대한 논쟁은 이상한 것이 아니라 오히려 당연한 것이라고 여겨진다.

생물학에서 말하는 진화의 개념

"진화된 스마트 폰, 무엇이 좋아졌나?" 대중 언론 매체의 기사 또는 광고에서 이런 문구를 볼 때마다 생물학 용어 가운데 이처럼 대중의 인기를 얻고 있는 단어가 '진화' 말고 또 있을까라는 생각이 든다. 한편으로는 이를 쓴 사람은 어떤 의도로 진화라는 용어를 사용한 것인지, 그리고 보는 이들은 이를 또 어떻게 이해하고 받아들일지 궁금해 하다가 약간의 우려가 생기기도 한다. 생물학에서 말하는 진화의 핵심 개념은 변이 또는 변화이지, 진보나 발전이 절대로 아니기 때문이다. 사실, 국어사전에서도 진화를 '일이나 사물이 점점 발달되어감'이라는 일반적인 뜻과 '생물이 생명의 기원 이후부터 점진적으로 변해 가는 현상'이라는 생물학적 의미로 분명하게 나누어 설명하고 있기에, 걱정도 팔자인 양하여 그냥 지나치곤

했다. 그런데 얼마 전 한 신문 칼럼을 읽다가 생물의 진화를 알기 쉽게 설명해줄 수 있는 좋은 교재(?)를 우연히 발견하였다. 그 내용인즉 이렇다.

> "이제는 진화다. 진화는 변화를 넘어 발전을 의미하며, 기업과 사회, 그리고 국가의 지속 가능성까지도 아우른다. (중략) 누구라도 우리 DNA의 역동성을 외면하면서 진화시키지 못하는 사람은 피하고 싶다. 이제는 진정, 무엇보다 귀한 DNA를 가진 우리 스스로가 변화를 넘어 새롭게 진화해야 할 때다."

이 글쓴이는 진화를 자기 주도적인 발전으로 정의하고, 열심히 DNA를 변화시켜 진보하라고 충고하고 있다. 짐작하건대, 한국인의 우수한 능력을 계발하여 열심히 정진하라는 메시지를 전달하려는 것 같다. 생물학을 공부하는 사람으로서, 진화라는 생물학 전문 용어가 널리 사용되어 대중에게 친숙해진다는 것은 기쁜 일이 아닐 수 없다. 그러면서도 한편으로는, 확대 수정된 의미를 지닌 용어가 정작 생물학의 진화 이론을 이야기할 때 논점을 흐리거나, 심지어 이에 대한 오해를 불러일으키지 않을까 걱정스럽기도 하다. 그래서 생물학에서 말하는 진화의 개념을 근거로 다음과 같이 수정해 보았다.

"이제는 진화다. 진화는 변화의 축적이며, 기업과 사회, 그리고 국가의 지속 가능성에 꼭 필요하다. (중략) 누구라도 우리 DNA의 역동성을 외면하면서 그 변화를 수용하지 못하는 사람은 피하고 싶다. 이제는 진정, 무엇보다 귀한 DNA를 가진 우리 스스로가 그 변화를 차별 없이 소중하게 여겨야 할 때다."

진화가 변화의 축적이라고 했는데, 도대체 무엇이 변한다는 것일까? 바로 그 다음 문장에 있는 DNA다. DNA에 대해서는 이미 바로 앞 이야기에서 충분히 다루었다. 이번에는 생명체의 역사를 살펴보는 것이니 육하원칙을 적용하여 이 변화 과정을 분석해 보자.

누가(무엇이) 변하는가? – 유전자(DNA)
언제 변하는가? – (생식)세포 생성 과정에서
어디서 변하는가? – (생식)세포에서
무엇을 변하게 하는가? – 유전자(DNA)를
어떻게 변하는가? – 무작위로
왜 변하는가? – 아무런 의도(또는 이유, 목적 등) 없이

육하원칙으로 살펴보니 유전자(DNA)는 변화의 주체인 동시에 변화의 대상으로 이해된다. 이거 참 난감하다. '주체와 객체(대상)'의 문제는 오랫동안 논의되고 있는 어려운 철학의 문제이기 때문이다. 하는 수 없이 다시 그 철학자에게 도움을 구하기로 했다. 그는 다음과 같은 비유로 이 문제의 본질을 설명해 주었다.

영화나 드라마에서 첫 눈에 사랑에 빠진 남자를 떠올려 보세

요. 첫 만남의 장면은 대개 이렇게 그려집니다. 책을 읽거나 음악을 듣고 있는 한 여인이 있고, 그녀를 먼발치서 바라보며 미소 짓는 남자가 있습니다. 여인은 무엇인가에 정신이 팔려 있어서 남자를 전혀 의식하지 못하는 것처럼 보입니다. 남자는 무방비 상태의 사냥감을 노리고 있는 사냥꾼처럼 보이구요. 다음 장면에서 남자는 즉시 수작을 걸든지, 아니면 갖은 묘수를 써서 여인의 환심을 사려고 하죠. 그렇게 해서 연인관계로 발전하면, 그 남자는 자신이 상황을 주도했다고 생각합니다. 사랑의 주체로서 사랑에 성공했다고 내심 흐뭇해 할 겁니다. 그런데 정말 그럴까요? 애당초 그 여인에게 시선이 꽂히게 한 건 그녀의 매력이 아니었을까요? 남자의 욕망에 불을 지피고 꺼지지 않도록(심지어는 활활 타도록) 유도한 것은 얌전하고 수동적인 (것처럼 보였던) 그 여인이 아니었을까요? 사랑의 사냥터에선 누가 사냥꾼이고 누가 사냥감인지가 불분명합니다. 이와 같이 주체와 대상의 경계가 모호해지는, 아니 주체와 대상이 같은 경우가 많이 있지요. 어려운 문제입니다. 사실 주체라는 것은 한갓 환상일 뿐이라고 주장한 철학자도 꽤 있습니다."

'주체와 대상의 문제'는 심오한 철학 문제임이 분명한 것 같다. 그렇다면 이에 대한 고민은 철학자들에게 맡기고, 우리는 생물의 진화를 설명해 나가는 데에 이러한 논리상의 문제가 있음을 인지하는 선에서 마무리하기로 하자. 확실한 사실은 유전자는 끊임없이 변하고 그 변이는 우리의 의지와 무관하게 무작위로, 즉 돌연히 일어난다는 것이다. '돌연변이'라고 부르는 까닭이 여기에 있다. 구체적으로 돌연변이란 DNA 염기서열의 변화이기 때문에 세대를 거듭할수록 유전자 다양성이 증가한다. 이러한 유전자 다양성이 진화의 재료이며 여기에 자연선택은 진화의 동력으로 작용한다는 것이 생물학에서 말하는 진화의 핵심이다. 우리 모두는 과거에도 그랬고 앞으로도 그러할 유일무이한, 그리고 그 자체로 소중한 돌연변이체들이다.

진화 이론의 태동과 발전

우리는 생명체가 생존과 번식에 필요한 적절한 환경이 제공되는 곳에서만 서식한다는 사실을 알고 있다. 그런데 이 환경은 늘 바뀌고 있다. 만약 그 환경에 적응하지 못한다면 살아남기가 어려울 것이다. 바꾸어 말하면 현존하는 생명체들은 오랜 시간 동안 예측할 수 없는 환경 변화에 잘 적응해 왔다고 볼 수 있다. 여기서 중요한 것은, 환경의 변화는 예측할 수 없다는 것이다. 그렇기 때문에 환경의 변화가 생긴 다음에 그 환경에 맞춰 생명체가 변하는 것이 아니다. 생명체는 항상 무작위로 변하고 있고, 그 결과 모든 생명체 집단 내에는 다양한 변이체들이 존재한다. 이런 상황에서 변화된 환경에 적합한 개체만이 살아남게 된다. 따라서 생명체의 적응이란 생물의 변이가 우연히 환경의 변화와 맞아 떨어진 결과라고 볼 수 있다. 사실, 이것이 1859년 출판된 다윈(Charles R. Darwin,

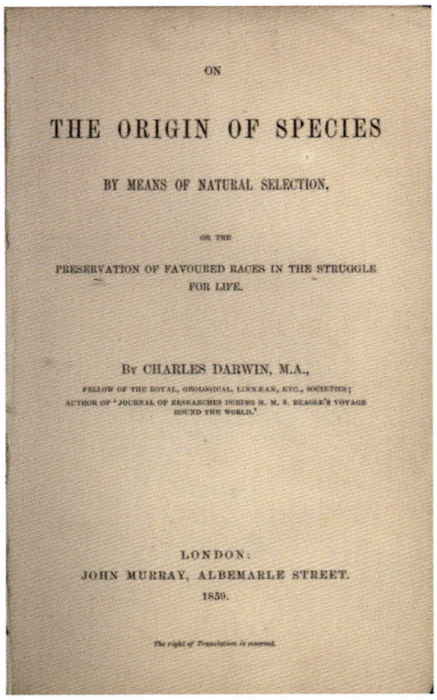

ON

THE ORIGIN OF SPECIES

BY MEANS OF NATURAL SELECTION,

OR THE

PRESERVATION OF FAVOURED RACES IN THE STRUGGLE FOR LIFE.

BY CHARLES DARWIN, M.A.,

FELLOW OF THE ROYAL, GEOLOGICAL, LINNÆAN, ETC., SOCIETIES;
AUTHOR OF 'JOURNAL OF RESEARCHES DURING H. M. S. BEAGLE'S VOYAGE ROUND THE WORLD.'

LONDON:
JOHN MURRAY, ALBEMARLE STREET.
1859.

The right of Translation is reserved.

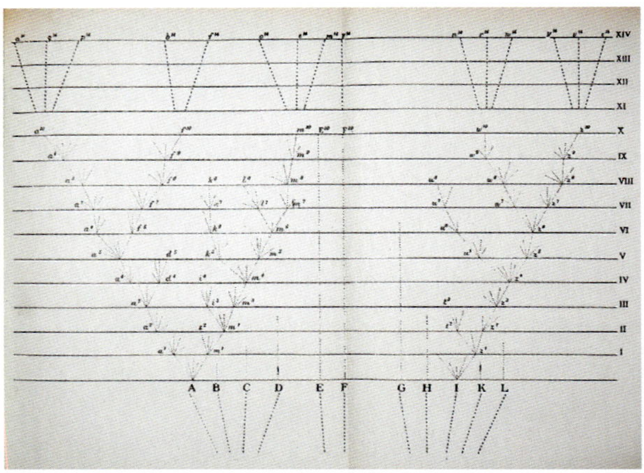

그림 8.5 「종의 기원」 표지와 여기에 들어 있는 종의 분화를 설명하는 그림

1809~1882)의 저서 「종의 기원(Origin of Species)」의 핵심 내용이다.

생명체가 진화한다는 생각은 이미 그리스의 자연철학자들 사이에서 보편적으로 논의되었다. 대표적으로 아리스토텔레스(Aristoteleles, B.C. 384~322)는 자연은 간단하고 불완전한 것으로부터 복잡하고 완전한 것으로 진보한다고 했으며, 이를 '자연의 사다리(Scala Naturae)'라고 표현하였다. 그러나 생물 진화에 대한 현대적인 생각은 17세기 과학혁명 이후에 나타났는데, 당시 진화론자들은 지구의 나이가 신학자들이 주장하는 것보다 훨씬 오래되었다고 생각했다. 찰스 다윈의 할아버지인 이래즈머스 다윈(Erasmus Darwin, 1731~1802)은 지구상 생물은 원시 생명체에서 점차 발달하여 오늘날처럼 다양한 모습을 하게 되었다는 주장을 하여 주변 사람들의 비웃음을 샀다고 한다. 이러한 생각은 그가 남긴 '자연의 전당'이라는 시에 고스란히 담겨 있다.

The Temple of Nature

Organic Life beneath the shoreless waves
Was born and nursed in Oceans pearly caves
First forms minute, unseen by spheric glass
Move on the mud and pierce the watery mass;
These, as successive generations bloom
New powers acquire and larger limbs assume

Whence countless groups of vegetation spring,
And breathing realms of fin and feet and wing.

자연의 전당

망망한 파도 아래 생명이 움텄나니
바다 속 진주 동굴에서 태어나고 자랐도다
처음엔 작아서 돋보기로도 보이지 않던 것들이
뻘 위를 헤매고 그 속으로 파고들었다;
대를 이어 번성하면서
새 힘을 얻으며 점점 더 커지더니
거기서 수많은 초목들이 저마다 솟아나고
지느러미와 다리, 날개가 달린 것들이 숨을 쉬도다

이와 같은 초기 진화 사상은 프랑스의 라마르크(Jean-Baptiste Lamarck, 1744~1829)에 와서 비로소 학문적인 체계를 확립하였다. 라마르크가 주장한 이론의 핵심은 새로운 기관의 형성을 통하여 한 종이 다른 종으로 변할 수 있다는 생각이다. 라마르크는 이러한 새로운 기관의 형성이 주어진 환경 조건에 대응하여 끊임없이 느끼게 되는 내적 욕구와 이 욕구에 따라서 계속되는 새로운 운동의 결과로 이루어지고, 이 과정에서 해당 개체가 획득한 모든 형질이 자손에게 전해진다고 생각하였다. 현대 생물학의 관점에서 보면 라마르크의 진화 이론은 많은 오류를 가지고 있다. 획득형질이 유전된다는 것은 그의 이론의 치명적인 부분이다. 그러나 당시의 열악한 여건에서 환경과의 상호작용을 통한 생물종의 변화를 인지하고 이를 이론으로 체계화시킨 라마르크의 업적이 폄하되어서는 안 될 것이다. 실제로 다윈도 「종의 기원」 머리말에서 자신의 책보다 50년 앞서 1809년에 출간된 라마르크의 「동물철학」(*Philosophie Zoologique*)을 인용하면서 라마르크의 업적을 높이 평가하고 있다.

앞서 언급한 대로 생물이 진화한다는 사실을 광범위한 자연 관찰과 자료에 근거하여 입증함으로써 이를 과학적 사실로 자리매김하게 한 이가 다윈이다. 인공선택을 통해 작물과 가축을 육종하는 실생활에서의 관찰과 맬서스(Thomas R. Malthus, 1766~1834)의 「인구론」[5], 그리고 지구가 대단히 오래되었다는 라이엘 및 다른 지리학자들의 개념 등이 다윈에게 영향을 미쳤다. 여기에 비글호 항해를 통해 직접 관찰한 내용을 더해서 다윈은 점진적으로 누적되는 적응을 통해 조상 형태에서 새로운 종이 발생할 수 있다는 생각을 하게 되었다.

영국으로 돌아온 후, 그는 월러스(Alfred R. Wallace, 1823~1913)가 자기와 기본적으로 똑같은 생각을 하고 있다는 사실을 알게 된 다음 자신의 이론을 다듬어서 1859년에 종의 기원을 출판하였다. 이 책의 전반부에서는 자연선택 이론을

---

5 맬서스가 1798년에 익명으로 간행한 저서로 인구는 기하급수적으로 증가하는데, 식량은 산술급수적으로 증가하기 때문에 결국 인구의 과잉 증가로 인한 인류의 빈곤은 불가피하다고 예견하였다. 원제목은 *Essay on the Principles of Population*이다.

도입하고, 후반부에서 방대한 자료에 근거하여 생물 진화를 입증하려고 하였다. 다윈에 따르면, 진화란 결국 새로운 종이 형성되는 것인데, 그 과정을 다음과 같이 설명하였다. 생물은 환경이 허용하는 것보다 더 많은 개체를 생산하려는 경향이 있기 때문에 생존 경쟁이 벌어지며, 주어진 환경에 더 적합한 개체들이 생존과 번식에 높은 성공률을 보이는 경향이 있다. 그래서 더 잘 적응된 개체들이 다른 개체들에 비해서 더 많은 수의 자손을 남긴다. 시간이 흐름에 따라 자연선택 과정은 생물들이 그들의 환경에 적응하는 결과를 만든다. 즉 주어진 환경에서 최적자가 생존하는 현상을 자연선택의 결과라고 생각하였다. 그리고 다윈은 종의 기원을 다음과 같이 마무리하고 있는데, 여기서 우리는 다윈은 생명체의 기원이 아니라 변화에 초점을 맞추고 있다는 사실을 발견할 수 있다.

"몇 가지 능력과 함께 애초에 몇 개 또는 하나의 형태로 숨이 불어 넣어져서, 지구가 중력이라는 일정한 법칙에 따라 회전하는 동안 그토록 단순한 시작에서 매우 아름답고 경이로운 무수히 많은 형태들로 진화해왔고, 진화하고 있으며, 앞으로도 진화할 것이라고 생명을 보는 이 견해에는 장엄함이 깃들여 있다(There is grandeur in this view of life, with its several powers, having been originally breathed into a few forms or into one; and that, whilst this planet has gone cycling on according to the fixed law of gravity, from so simple a beginning endless forms most beautiful and most wonderful have been, and are being, evolved)."

다윈은 부모와 자식이 대체로 닮았지만 조금씩 다른 것처럼 자식이 살아가야 할 환경도 부모가 살았던 환경과 비슷하면서도 조금씩 다름을 인지하고, 새로운 환경에서 생존에 도움이 되는 변이를 가진 자식이 더 잘 번성한다는 가설을 세우게 되었다. 그리고 이를 '변형 혈통(descent with modification)'과 '자연선택(natural selection)'이라는 표현으로 함축시켰다. 다윈과 거의 동시대를 살았던 멘델은 부모에게서 자식으로 전달되는 인자가 입자라는 것과 이것의 전달에 일정한 규칙이 있음을 밝혀냈다.

멘델이 언급한 인자는 오늘날 유전자라는 개념으로 알려져 있다. 사실 다윈과 멘델은 같은 것을 다른 시각에서 본 것이다. 그 당시에는 다윈과 멘델 사이에 교류가 없었기 때문에 1930년대에 와서 후대 과학자들에 의해 이 두 견해가 합쳐져, 현대종합설(Modern Synthesis) 또는 신다윈주의(Neo-Darwinism)라는 이름으로 불리게 된다. 이후 분자생물학의 발전으로 유전자의 정체가 규명되어 돌연변이로 생긴 유전적 변이가 자연선택을 받아서 생물의 진화를 일으킨다는 것이 밝혀지면서 현대종합설은 더 탄탄한 이론으로 정립된다. 따라서 분자생물학과 유전체학 이론 등을 기반으로 한 현대 진화론과 다윈이 주장했던 진화론은 내용이 다르다.

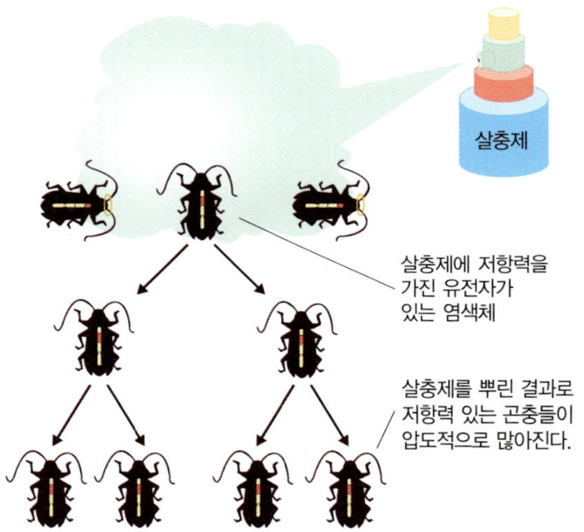

그림 9.1 살충제에 저항력을 가진 곤충의 진화

소진화와 대진화

해충 방제를 묘사한 다음 그림을 보자. 살충제의 살포로 대부분의 해충은 죽었다. 그런데 그 집단에 내에서 돌연변이가 생겨 살충제에 내성이 강해진 소수의 돌연변이체가 있었고 이들은 살아남았다고 가정하면, 그 일대에는 이제 이 살충제에 내성이 있는 개체만 남게 된 셈이다. 그 결과, 다음 세대에는 살충제에 내성이 강한 해충이 대다수를 차지할 것이다.

최근 항생제 내성 병원성 세균이 증가하고 있는 것도 근본적으로 이와 동일한 사건이다. 이처럼 돌연변이를 통한 개체의 변화는 엄연한 사실이고 지금도 계속 일어나고 있다. 이런 돌연변이들이 자연선택되면 세대를 거치면서 해당 집단의 유전자 구성이 변하게 되는데, 이를 소진화(microevolution)라고 한다. 다시 말해서 소진화는 생명체가 대를 이어가면서 그 집단에 유전적 변화가 생기는 현상이고 이것은 과학적으로 입증이 된 사실이다.

소진화적 변이가 계속 쌓여서 결국 새로운 종이 출현하는 대진화로 이어질 수 있다. 문제는 이런 소진화가 얼마나 진행이 되어야 새로운 생명체가 생겨날 수 있느냐는 것이다. 대진화를 통해 새로운 종(species)의 출현을 판단하려면 이에 대한 기준이 필요하다. 그런데 아쉽게도 이런 기준을 마련하는 것이 쉽지 않다. 생물의 종을 명쾌하게 설명할 수 있는 정의가 없기 때문이다. 일반적으로 사용하는 생물학적 종(biological species)은 자연 상태에서 그 구성원들 사이에서는 교배가 일어나 생식 능력 있는 자손을 낳을 수 있는 생물 집단을 일컫는다. 그런데 이런 생물학적 종의 개념은 화석으로만 알려졌거나 무성생식으로만 번식하는 생명체에게는 적용할 수가 없다는 중요한 한계를 가지고 있다. 그럼에도 불구하고 유성생식을 하는 생물들을 대상으로 하나의 조상 집단에서 새로운 종이 출현하는 과정(종분화)을 생각할 때는 이것이 유용하기 때문에 일단 이 정의에 의거하여 종분화를 살펴보기로 한다.

유성생식을 하는 생물들의 경우에는 생식적 격리가 일어나면 종간 유전자 흐름이 제한되어 종분화로 이어질 수 있는 계기가 마련된다. 생식적 격리 작용은 크게 두 가지로 나누어 볼 수 있다. 하나는 수정이 일어나는 것을 막는 작용이다. 시간적 격리는 두 종이 계절처럼 서로 다른 시기에 생식을 하는 경우에 일어난다. 서식지 격리는 밀접하게 연관되어 있는 두 개의 종이 서로 다른 서식처에서 서식하며 번식할 때 일어난다. 행동적 격리에서는 명확히 구별되는 구애행동들이 종간 교배를 가로막는다. 기계적 격리는 유사한 종들 간에 생식기의 구조 차이로 인해 교배 자체가 불가능하기 때문에 일어난다. 배우자 격리는 서로 다른 종들에서 형성된 배우자들이 화학적 차이로 인해 서로 양립할 수 없을 때 일어난다.

다른 하나는 수정이 일어난 후에 유전자의 전달을 막아주는 생식적 격리 작용이다. 잡종치사는 이종간 배우자가 수정되어 형성된 배아가 발생 동안 죽게 되는 것이다. 잡종불임은 성체가 될 때까지 살아남은 종간 잡종들이 성공적으로 생식하는 것을 막는다. 잡종약세는 성체까지 살아남아 성공적으로 생식까지 하는 잡종들의 자손이 한 세대 또는 단지 몇 세대 만에 생식하지 못하도록 한다. 따라서 이런 생식적 격리를 유발하는 유전자의 변화를 찾으면 대진화의 증거를 얻을 수 있을 것이다.

어떤 종의 달팽이에서는 껍데기의 나선 방향을 조절하는 유전자 하나에 돌연변이가 생겨 껍데기의 나선 방향이 반대로 형성되는 경우가 있다. 이렇게 되면 생식기의 접촉이 불가능한 기계적 격리가 생기기 때문에 단 하나의 유전자 변화로 인해 종분화가 가능해진다. 초파리의 일부 아종의 경우, 4개의 유전자 차이에 의해 잡종 불임이 일어남이 보고되었다. 해바라기에서는 최소한 26곳의 염색체 부위가 변화되어야 접합 후 격리가 일어날 것이라 예상된다. 이러한 연구 결과들은 생물종마다 생식적 격리가 일어나기 위해서 변화되어야 하는 유전자의 수는 다르지만, 유전자 변이만으로도 새로운 종의 출현은 시작될 수 있음을 보여준다. 또한 다양한 생물의 유전체 비교 연구에서도 대진화에 대한 단서들이 발견되고 있다. 일례로 발생과정에서 동물의 형태 형성에 관여하는 혹스(*Hox*) 유전자는 척추동물과 턱이 있는 생물이 출현하는 과정 두 번 복제된 것으로 확인되었다. 이처럼 생물의 발생 과정에 관여하는 유전자 자체 및 그 발현의 차이에 의해

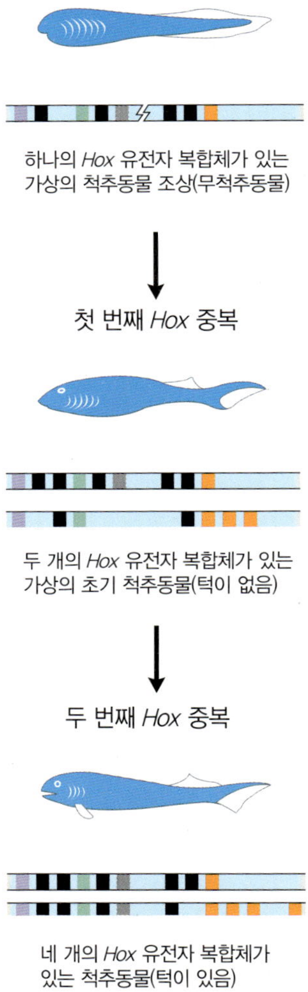

그림 9.2 *Hox* 유전자의 중복과 척추동물의 진화

생긴 변화를 대진화의 한 과정으로 볼 수도 있다.

진화 이론을 둘러싼 논쟁

많고 많은 과학 이론 중에, 왜 유독 진화 이론에 대해서만 이렇게 갑론을박이 심할까? 예를 들어 아인슈타인의 상대성이론은 빛보다 빠른 물질이 없다는 전제하에서 유효한 이론인데, 몇 년 전에 빛보다 빠른 물질이 발견되었다는 주장이 나왔을 때, 일반 사람들은 크게 관심을 보이지 않았다. 만약 이런 주장이 사실로 확인되면 상대성이론은 대폭 수정되거나 심지어 폐기될 수도 있는 엄청난 사건인데도 말이다. 물론 이 주장은 한 번의 해프닝으로 끝났다. 아무래도 진화 이론이 뜨거운 논쟁에 휘말리는 이유는 이것이 일부 종교 교리와 충돌하기 때문인 것 같다.

2006년 6월 26일은 인류 역사에 큰 획을 그은 날이었다. 인간 유전체 사업의 종료, 즉 인간 유전체 염기서열의 완전 해독이 공표된 날이다. 이 기념비적인 과학의 업적을 발표했던 클린턴 당시 미국 대통령은 이렇게 말했다. "오늘 우리는 신이 생명을 창조한 언어를 알게 되었습니다. 신의 성스러운 선물의 복잡성과 아름다움에 그 어느 때보다 경외를 느낍니다." 그런데 같은 발견에 대해 1975년 노벨 생리의학상 수상자인 볼티모어(David Baltimore) 교수는 전혀 다른 의견을 피력

했다. 그는 "내가 보기에는 인간이나 파리나 지렁이나 식물이나 그 유전체에는 별 차이가 없다. 이것은 우리가 다 하찮은 것에서 출발했음을 의미하는 것 같다"라고 말했다.

다윈은 현존하는 생물종들이 유전형질에 대한 자연선택에 의해 천천히 진화해 왔다고 생각했다. 그러나 그런 형질들이 어떻게 생겨나고 유전되는지에 대해서는 전혀 알지 못했다. 20세기에 들어서야 유전에서 DNA가 담당하는 역할이 밝혀지게 되었고, 이후 눈부시게 발전한 현대 생물학(특히 유전학과 분자생물학)은 다윈의 진화이론을 시험대 위에 올려놓았다. 즉 새로운 생물학 연구결과들이 진화론의 주요 주장들을 반박할 수도 있었기 때문이다. 하지만 그렇지 않았다. 오히려 현재까지의 연구결과는 모두 다윈 진화론의 세부 가설들을 지지하고 있다. 하나의 예로 사람과 유인원의 염색체 수와 관련된 연구결과를 소개한다.

침팬지와 고릴라, 오랑우탄과 같은 유인원의 세포에는 24쌍의 염색체가 존재한다. 인간과 유인원의 조상이 같다면 인간도 24쌍의 염색체를 가지는 것이 더 자연스러울 것이다. 하지만 우리는 23쌍의 염색체를 가지고 있다. 다윈의 진화론에서 말하는 공통조상 가설이 옳다면 도대체 염색체 한 쌍은 어디로 갔을까? 한 연구진 인간 세포에는 원래 24쌍의 염색체가 있었는데, 이 중 1쌍이 다른 염색체와 붙어 23쌍이 되었다는 가설을 세우고 이를 검증하기 위해 인간 염색체의 구조 분석을 시도하였다. 염색체의 중간과 말단에는 각각 동원

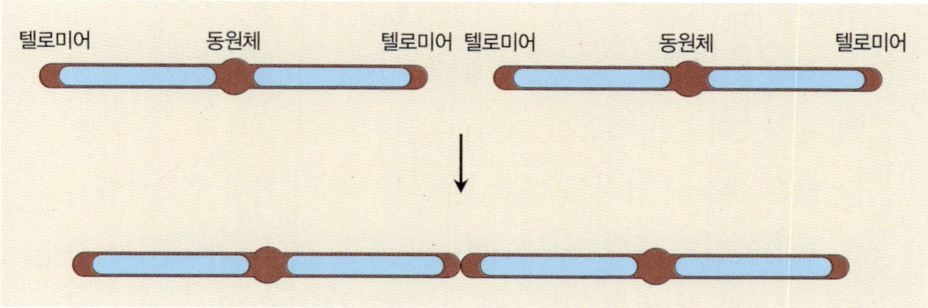

그림 9.3 인간과 침팬지의 염색체 수 차이를 설명하는 모델

체(centromere)와 텔로미어(telomere)라고 부르는 부분이 존재한다. 만약 어떤 변이에 의해서 두 쌍의 염색체가 붙게 되었다면, 그 염색체는 텔로미어가 염색체의 말단뿐만 아니라 중간에도 나타나야 할 것이고, 동원체는 하나가 아니라 두 개가 나타나야 할 것이다. 인간 염색체 중에 이런 구조를 가진 것이 있다면 인간의 염색체 수가 유인원보다 하나 적은 이유가 설명될 수 있을 것이고, 그렇지 않다면 공통조상 가설은 버려질 위기에 놓일 것이다. 그런데 바로 인간의 2번 염색체가 이러한 구조를 가지고 있음이 확인되었다.

과학 이론은 자연 현상들에 대해 보편적이고 객관적인 설명을 제공하지만 불변의 진리는 아니다. 인간 유전체를 비롯한 많은 생물의 유전체 정보 분석이 가능한 현대 생물학에서는 돌연변이를 통해 새로운 변이를 가진 개체들이 집단에 나타나고 이들이 자연선택 과정을 거치면서 집단의 유전자 구성에 변화가 생긴다는 소진화는 명확히 검증되어 생물학을 하나로 묶어주는 핵심 과학 원리로 자리매김하였다. 그러나 소진화적 변화들이 오랜 기간 축적되어, 새로운 종의 출현 등으로 이어질 수 있다는 대진화를 둘러싼 많은 의문점들은 아직 완전히 풀리지 않은 상태다. 따라서 생물학의 진화 이론은 경험적 자연과학과 사변적(思辨的) 자연철학의 성격을 모두 지니고 있다고 할 수 있다.

종종 후자의 성격을 부각시켜 진화 이론의 성격을 왜곡하여 진화 이론을 단지 가설로 폄하하려는 시도를 보곤 한다.

이런 우를 범하는 주된 이유 중 하나는 진화 이론의 내용 또는 과학 이론의 의미를 제대로 이해하지 못했기 때문이라고 생각된다. 과학에서 의미하는 이론이란, 수많은 증거에 의해 지지되며 더 완벽한 이론이 나오기까지 사실로 인정받는 지식의 체계를 말한다. 진화 이론은 명백한 과학 이론이다. 개인의 성향에 따라 진화론이 좋거나 싫을 수는 있겠지만 무조건적으로 진화 이론을 부정하려 하는 것은 옳지 않은 것 같다. 마찬가지로 과학이라는 잣대로 다른 사람의 종교적 믿음을 비웃는 것도 바람직하지 않다. 소모적인 논쟁보다는 열린 자세로 논리적이고 건설적인 비판을 통해 서로가 지적하는 약점을 보완하면서 진리를 찾아가는 데에 힘을 합치는 것이 현명한 선택이 아닐까 하는 생각을 해 본다.

10
생태극장의 연극과 인간의 이탈

어림잡아도 45억 년이라는 장구한 역사를 가지고 있는 지구와, 거기에 살고 있는 모든 생물종들을 생물학적으로는 '생태극장에서 진화 연극을 공연 중인 배우'라는 문구로 함축하여 표현할 수 있다. 개개의 극장(서식지)에는 열심히 개성 있게 연기를 하고 있는 다양한 배우(생물종)들이 있다. 모든 배우들의 연기 목적은 자자손손(子子孫孫) 잘 먹고 잘 살아보자는 것(생존과 번식)이다. 즉 모든 생물종들은 생존을 위해서 생물과 무생물 요소를 지각하고 반응함으로써 끊임없이 내외부의 여러 생물들과 상호작용을 해왔고 이를 성공적으로 수행한 생물종들만이 자손 번식에 유리한 고지를 점하여 왔다는 얘기다. 인간도 이러한 생물종 중의 하나다. 그런데 최근 들어 이 생태극장에 문제가 발생했다. 자율 운영을 원칙으로 하는 이 극장에서 인간이라는 신참 배우 하나가 말썽을 피우기 시작하더니, 급기야 극장 전체를 존폐의 위기로까지 몰고 간 것이다.

바이오스피어

서식지에 있는 모든 생물들과 이들이 상호 작용하는 모든 무생물 요소들을 아울러 생태계(ecosystem)라고 하며, 지구에 있는 모든 생태계를 총칭해서 생물권 또는 바이오스피어(biosphere)라고 한다. 생태계를 작동시키는 가장 중요한 무생물 구성요소는 물질과 에너지다. 생태계에서 물질(화학 원소)은 순환하고 에너지는 흐른다. 태양에서 빛의 형태로 들어온 에너지는 생태계를 통과하는 동안 에너지 전환을 거치는 과정에서 열로 바뀐다. 물질은 질량보존의 법칙에 따라 생태계 내에서 순환되며 모든 영양단계와 연결된다. 이처럼 물질들이 생물과 무생물 구성요소들 사이를 순환하는 현상을 생물지화학적 순환(biogeochemical cycle)이라고 한다. 즉 지구라는 거대한 생태계는 태양에너지의 유입을 제외하고는 닫힌계로서, 지구상에 존재하는 물질이 생물 구성요소와 무생물 구성요소 사이를 끊임없이 순환하면서 생명력을 유지하고 있는 것이다.

생물의 영양 관계는 여러 단계로 구성된다. 생산자는 주로

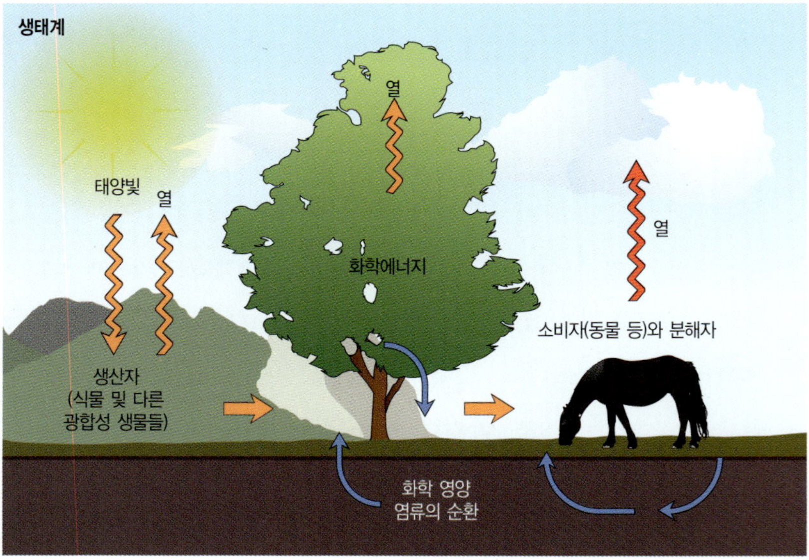

그림 10.1 생태계에서 에너지의 흐름과 물질의 순환

식물을 비롯한 광합성 생물이다. 1차 소비자는 식물과 다른 1차 생산물을 먹고 사는 초식동물이다. 2차 소비자는 초식동물을 먹고 사는 육식동물이다. 3차 소비자는 다른 육식동물을 먹고 사는 육식동물이다. 세균과 곰팡이가 주요 구성원인 잔재물 섭식자 또는 분해자는 잔재물에서 에너지를 얻는다. 이들은 유기물을 분해하여 무기 저장소로 돌려보냄으로써, 필수화학 원소를 재사용할 수 있게 한다. 잔재물이란 죽은 생물체, 분뇨, 낙엽, 목재 등과 같이 살아 있지 않은 유기물을 가리킨다.

특정 기간 동안 특정 지역에 함께 살고 있는 동일 생물종 개체들의 집단을 개체군(population)이라고 한다. 생물은 성장하여 증식하므로 시간이 지남에 따라 개체군의 밀도가 높아지는데, 이것이 바로 개체군의 성장이다. 환경의 제약이 전혀 없고, 성장에 필요한 영양분이 무한하게 공급되는 이상적인 조건에서는 각 생물종이 자기들이 가지고 있는 최대성장률에 의거하여 기하급수적으로 성장할 수 있다. 그러나 자원이 무한하다는 것을 전제로 하는 이러한 성장은 현실적으로 불가능하고, 실제 환경에서는 개체군의 밀도가 증가함에 따라 각 개체들이 이용할 수 있는 자원은 점점 감소하게 된다. 따라서 궁극적으로 한 서식지를 차지할 수 있는 개체의 수에는 한계가 있다.

개체군은 생존과 생식에 영향을 주는 종간의 상호작용에 의하여 연계되어 있다. 이처럼 그 지역에 살면서 상호작용을

표 10.1 생태계에서 먹이 획득 방식에 따른 생물 분류

분류	세부 분류 및 역할
생산자(Producer)	생태계에서 무기화합물로부터 유기화합물을 합성하는 생물
소비자(Consumer)	• 초식동물(herbivore): 식물을 주로 먹고 사는 동물 • 육식동물(carnivore): 동물을 주로 먹고 사는 동물 • 잡식동물(omnivore): 동물성 먹이나 식물성 먹이를 가리지 않고 다 먹는 동물 • 잔재물 섭식자(detritivore): 지렁이, 쥐며느리 등처럼 잔재물을 먹고 사는 생물 • 기생생물(parasite): 살아 있는 생물을 숙주로 그 표면 또는 내부에서 생활하면서 숙주로부터 영양분을 얻는 생물
분해자(Decomposer)	생태계에서 어떤 물질을 분해하여 생기는 에너지로 생활하고, 생산자가 이용할 수 있도록 무기화합물로 만들어주는 생물

하는 모든 생물을 일컬어 군집(community)이라고 부른다. 종간 경쟁은 공급이 부족한 특정한 자원을 두고 종이 경쟁할 때 일어난다. 1930년대에 러시아의 생태학자 가우스(Georgy F. Gause, 1910~1986)가 두 종류의 짚신벌레를 대상으로 수행한 실험에서 얻은 결과는 다음과 같았다. 한정된 먹이를 공급하며 두 종을 함께 배양하면 그 먹이를 구하는 과정에서 경쟁적으로 우세한 종이 다른 종보다 더 빨리 번식하게 되고, 그 결과 궁극적으로 불리한 경쟁자는 그 지역에서 사라지게 된다는 설명이다. 이것이 경쟁 배제(competitive exclusion)라는 생태학 개념이 탄생하게 된 배경이다. 경쟁 배제 개념을 제대로 이해하기 위해서는 생태지위(ecological niche)에 대한 이해가 필수적이다.

주어진 환경에서 한 종의 역할을 의미하는 생태지위는 인간 사회의 직업에 비유하여 설명할 수 있다. 직업이 없으면 사회에서 적응하여 살아가기가 어렵듯이 생태지위를 확보하지 못한 생명체는 그 환경에서 존속할 수가 없다. 이러한 생태지위 개념을 경쟁 배제 개념에 적용하면, 두 생물종의 생태지위가 동일하다면 두 종은 해당 환경에 결코 공존할 수 없다는 결론에 도달하게 된다. 하지만 이를 반대로 생각하면 상대적으로 열세인 종이 생태지위를 조금만 변화시키면 공존이 가능하다는 추론을 할 수가 있다. 그리고 모든 생물종의 생태지위가 존중되는 경쟁의 규칙이 지켜진다는 전제하에 이것은 자연의 일반적인 법칙이다. 실제로 곤충을 잡아먹는 다른 종류의 도마뱀들의 경우 한 종은 햇볕이 드는 장소에, 다른 종은 그늘진 나뭇가지에 서식함으로써, 가까이 공존하지만 먹이에 대한 경쟁이 크지 않다. 이처럼 자연 환경에서 생물들 서로 적응하여 공생하는 것은 삶의 기본적인 모습이다.

광합성을 통하여 동화되는 에너지는 지구에 도달하는 태양에너지의 극히 일부분에 불과하다. 일반적으로 1차 생산이란 일정 시간 동안 독립영양생물이 빛에너지를 화학에너지(유기화합물)로 바꾸는 것이다. 총1차 생산량은 주어진 시간 동안 생태계에서 동화된 총에너지이다. 순1차 생산량은 독립영양생물에 축적된 에너지로 총1차 생산량에서 1차 생산자가 호흡에 사용한 에너지를 뺀 것이며, 순1차 생산량만이 소비자에게 가용하다. 영양효율은 한 영양단계에서 다른 영양단계

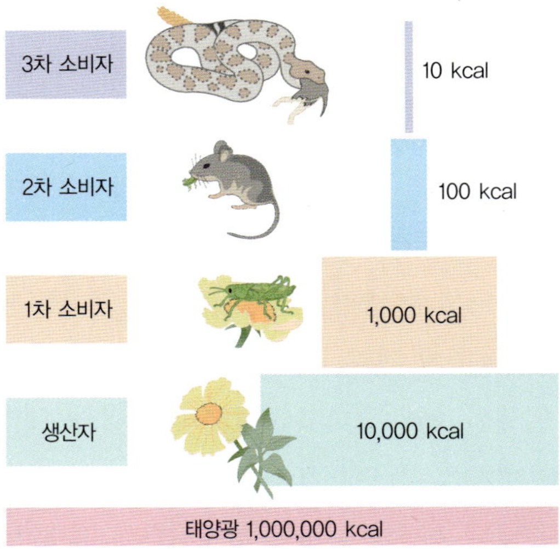

그림 10.2 가상의 순생산 피라미드

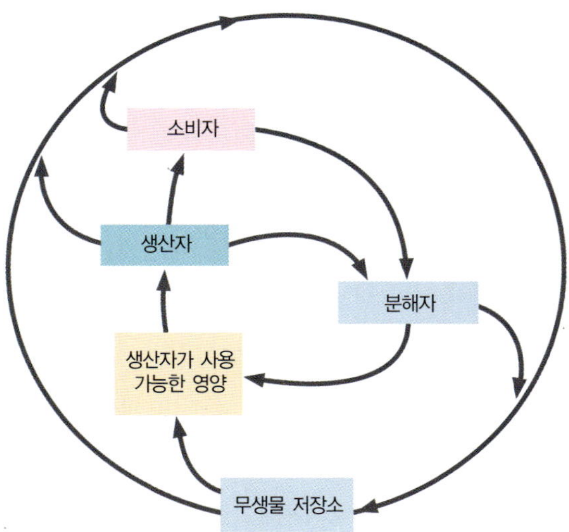

그림 10.3 영양 순환의 일반적 모델

로 넘어가는 에너지 비율인데, 일반적으로 5~20%이다.

바이오스피어 2가 주는 교훈

1991년 9월 26일 미국 애리조나주 투손 사막. 8명의 지원자가 열렬한 환호 속에 거대한 투명 유리돔 구조물(면적 약 13,000m²)로 들어간 다음 문이 잠긴다. 이 구조물의 이름은 '바이오스피어 2', 즉 제2의 생물권이란 뜻이다. 지구 생태계의 축소 모델을 만들겠다는 야심찬 실험 계획의 목적은 생명을 위한 공간으로 스스로 유지해 나갈 수 있는 살아 있는 환경을 창조하는 것이었고, 궁극적으로 화성 같은 외계 행성에 새 세계를 만들 가능성을 타진해 보려는 시도였다.

이 가상 지구에는 약 3,000종에 달하는 동식물이 투입되었고 7개의 생태 구역으로 구성되었다. 바이오스피어 2가 생명을 부양하는 기본 개념은 완벽한 물질 순환으로 여기에 입주한 사람들은 햇빛을 제외하고는 외부와 완전히 격리된 채 2년간 자급자족 생활하기로 되어 있었다. 처음 몇 달간 모든 것이 정상이었으나 갑자기 산소량이 감소하기 시작했고, 이산화탄소량은 치솟기 시작했다. 바이오스피어 2 내부의 기후가 변해 곤충들이 사라지기 시작하자, 꽃가루 운반이 제대로 되지 않아 식물의 수분에 치명적이 문제가 생겼다. 바다도 산성화되어 석회질 산호를 비롯해 해양생물들의 멸종하기 시작

그림 10.4 바이오스피어 2의 전경

했다. 가상 지구의 생명 부양 시스템이 무너지기 시작한 것이다. 결국 실험은 실패로 끝났다. 하지만 일각에서는 하나뿐인 지구 생태계(바이오스피어 1)의 소중함을 극명하게 입증하여 알리는 효과는 있었음을 지적하며 완전한 실패는 아니었음을 강조한다. 그렇다. 바이오스피어 1에 사는 우리에게는 더 이상의 바이오스피어가 없음을 명심하자.

철새를 위한 변명(?)

2014년 6월 10일, 충청남도에서 발생했던 조류독감(avian influenza, AI) 종식 선언과 함께 발생 기간 동안 살처분한 닭과 오리는 252만 2000두에 대한 보상금으로 218억 원이 배정되었다는 뉴스를 접했다. AI가 더 확산되지 않고 사라진 것을 그나마 다행이라 여기며, 축산 농민들의 재산 피해와 마음고생, 산 채로 생매장된 엄청난 수의 가금류 생각에 아픈 가슴을 달래었다. 그러나 이런 자의적인 위안도 잠시, 약 일주일 후에 이번에는 강원도 지역에서 AI가 발생했다. 더욱이 강원도는 AI의 청정지역이라 여겨졌었기 때문에 그 충격이 더했고, 이번에도 역시 철새들이 이 무자비한 범죄의 주범(?)으로 지목되었다. 게다가 많은 언론에서 논리적인 원인 분석과 근본 대책 마련 방안보다는 AI의 위험성에 대한 자극적인 보도를 경쟁하듯 쏟아내어 오히려 국민들의 불안감만 증폭시키는 게 아닌가 하는 우려 섞인 의문을 가지게 되었다.

AI를 일으키는 병원체는 바이러스다. 첫 번째 이야기에 이미 설명한 대로 바이러스의 크기를 나타내는 단위는 나노(nm)로 전자현미경으로만 관찰이 가능한 초미세 구조물이다. 독감 바이러스는 길이가 다른 여덟 개의 RNA 조각이 단백질 껍데기에 들어 있고 이를 다시 지질막이 싸고 있는 구조다. 가장 바깥쪽에 있는 지질막에 헤마글루티닌(hemagglutinin, HA)과 뉴라미니다제(neuraminidase, NA)라는 두 가지 형태의 단백질 돌기가 박혀 있다. HA 돌기는 바이러스가 숙주 세포로 침입하기 전에 세포를 인식하고 부착할 수 있게 해주고, NA 돌기는 바이러스가 세포 안에서 증식한 후 빠져 나올 때 감염된 세포에서 바이러스가 분리되는 것을 도와준다. 두 단백질 모두 항원으로 작용하여 항체 형성을 유도하는데, 독감 바이러스는 HA와 NA 항원에 대한 변이에 따라 구분한다. HA와 NA 항원에는 각각 16개(H1~H17)와 9개(N1~N9)의 아형이 있다. 아형의 번호가 바뀐다는 것은 돌기를 구성하는 단백질에 상당한 변화가 생겼음을 의미한다. 이러한 HA와 NA 항원의 변이에는 '항원 소변이'와 '항원 대변이'두 가지가 있다.

RNA 바이러스는 DNA 바이러스보다 돌연변이 발생률이 훨씬 높다. 이러한 돌연변이가 축적된 결과로 생기는 항원 소변이는 바이러스가 상당 부분의 숙주 면역 작용을 피할 수 있게 해준다. 독감 예방 백신 개발이 어려운 가장 큰 이유가 이

것 때문이다. 진화적인 측면에서 보면 최소한의 병원성을 가지고 전파가 잘되게 하는 돌연변이를 축적하는 것이 바이러스에게는 가장 좋을 것이다. 만일 바이러스가 숙주를 빠르게 죽이거나, 또는 몸져눕게 만들면 전파는 거의 일어날 수 없을 테니까 말이다. 반면, 항원 대변이는 인간이 가지고 있는 대부분의 면역을 피하기에 충분한 큰 변화를 의미한다. 보통 새로운 독감의 대유행 발생의 원인이 되는 항원 대변이는 바이러스 RNA의 8개 조각이 재배열되는 유전적 재조합과 연관이 있다.

2009년 전 세계를 전염병의 공포에 떨게 했던 H1N1 바이러스는 원래 돼지독감을 일으키는 것으로 알려져 있었다. 실험실 검사 결과, 이 바이러스 유전자의 대부분이 북미에 사는 돼지에서 흔히 발견되는 독감 바이러스와 비슷했기 때문이다. 그러나 후속 연구를 통해 2009년 H1N1 바이러스는 북미 돼지 집단에서 흔히 유행하는 독감 바이러스와 상당히 다르다는 사실이 밝혀졌다. 그뿐만 아니라 놀랍게도 이 바이러스는 유럽과 아시아에서 유행하는 돼지독감 바이러스 유전자와 조류독감 바이러스 유전자에다가 사람 바이러스 유전자까지 가지고 있었다. 도대체 어떻게 해서 이런 바이러스가 탄생할 수 있었을까?

독감 바이러스는 조류와 포유류 종에서 발견되며 일반적으로 조류독감 바이러스가 사람을 감염하지는 않는다. 철새를 비롯한 많은 야생 조류는 조류독감 바이러스에 감염되어

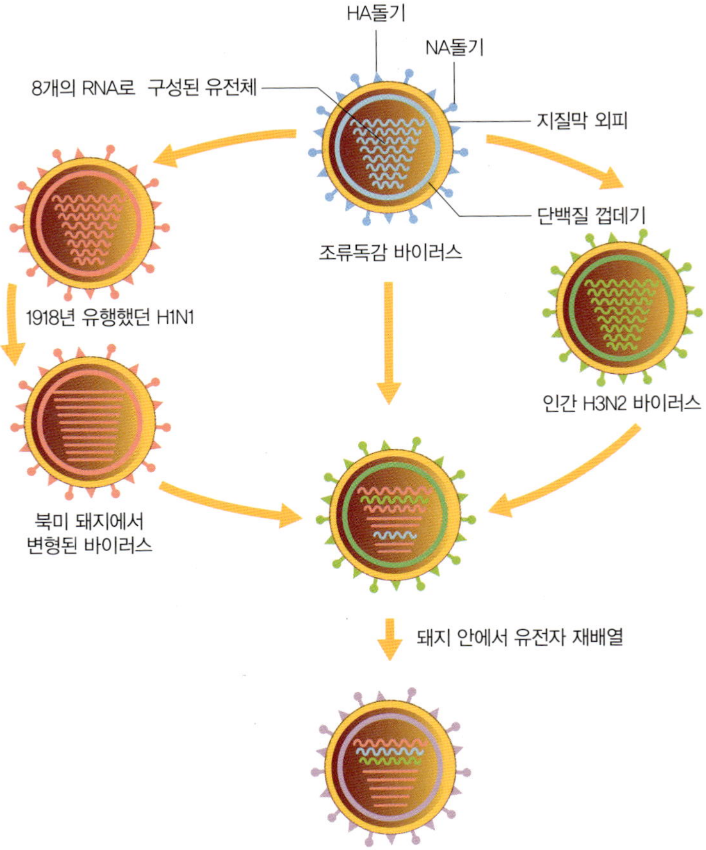

그림 10.5 2009년 대유행한 H1N1 바이러스의 출현 과정을 설명하는 모형

도 별 증상이 없어서, 지리적으로 넓은 지역에 걸쳐 바이러스를 전파하는 전염병 매개체 역할을 하게 된다. 돼지는 조류독감 바이러스와 포유류독감 바이러스 모두에 감염될 수 있다. 그러므로 돼지는 서로 다른 독감 바이러스들이 유전자를 섞을 수 있는 좋은 만남의 장소다. 따라서 가금류와 돼지, 사람이 함께 밀집하여 함께 사는 지역에서는 바이러스의 유전자 재배열이 일어날 가능성이 상대적으로 높다. 다행히도 아직까지는 가금류에서 인간으로 바이러스가 전파되는 것은 극히 드물었다. 그러나 계속되는 유전자 재배열을 통해서 사람 사이에서 빠르게 확산될 수 있는 새로운 변종 바이러스가 생길 수도 있다는 우려가 일고 있다.

철새가 조류독감 바이러스를 전파시키는 것은 사실이지만, 그렇다고 해서 최근 발생 빈도가 늘고 있는 조류독감을 철새의 탓만으로 돌릴 수는 없을 것 같다. 비단 조류독감뿐 아니라 여러 전염병의 유행이 자주 발생하고 있다. 이처럼 기존의 전염병이 새롭거나 변화되었고 그 발생률이 증가하거나 가까운 앞으로 증가할 가능성이 있는 질병을 신종 전염병(emerging infectious disease, EID)이라고 한다. EID가 증가하는 대표적인 요인으로는 병원체의 진화적 변화와 세계화 시대를 맞이하여 빠른 여행 및 운송 체계를 통해 기존 질병이 새로운 지역 또는 집단으로 확산되는 것, 사람의 거주 지역이 확장되면서 이전에는 접할 기회가 드물었던 새로운 전염성 병원체에 대한 노출이 증가하는 것 등을 들 수 있다. 미국질병관리

본부(CDC)와 미국 국립보건원(NIH), 세계보건기구(WHO) 등에서 EID와 관련 문제 해결을 위해, 1) 신종 감염성 병원체와 이들이 일으키는 질병, 해당 병원체가 출현하게 된 요인을 확인하고 즉각 조사에 착수하여 감시하고, 2) 생태 및 환경 요인들과 미생물의 변화와 적응, EID에 영향을 주는 숙주의 상호작용에 대한 기초 및 응용 연구를 확대하며, 3) 공중 보건에 대한 정보의 교환을 증진하고 EID의 예방 정책을 즉각 실행하고, 4) 세계적으로 EID를 감시하고 통제하려는 계획을 수립하고 있다. 학계에서도 EID의 중요성을 심각하게 인식하여, 1995년부터 이 주제만 전적으로 다루는 학술지인 「신종감염성질병(Emerging Infedtious Diseases)」을 발간하고 있다.

불편한 진실

현대인은 인류 역사상 최고로 문명의 이기를 누리고 있지만, 여전히 더 편리한 문명을 추구한다. 이처럼 만족을 모르는 인간의 욕망과 행동 양식 때문에 화석 연료 소비율은 계속 증가하고 이에 비례하여 이산화탄소 배출도 함께 늘어나고 있다. 사태의 심각성을 감지한 지구의 여신 가이아(Gaia)는 지구온난화에 의한 기후변화를 통해 끊임없이 우리에게 경고해왔고, 최근에는 그 강도를 한층 높이고 있다. 일부 세균을 제외하고 지구상에 사는 모든 생물은 궁극적으로 광합성

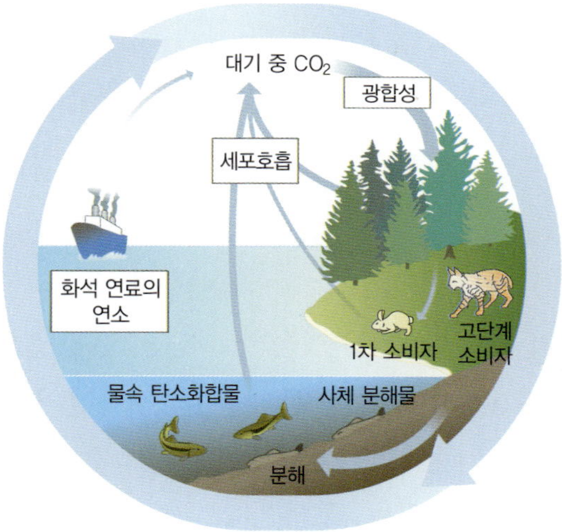

그림 10.6 탄소 순환

을 통해 모은 태양에너지에 의존해 삶을 유지한다. 인간은 현재의 광합성 산물보다는 먼 과거에 이루어졌던 광합성 산물에 더 많이 의존한다는 점에서 다른 생물들과 구분된다.

현재 인류가 사용하는 에너지의 대부분을 차지하는 화석 연료는 땅속에 파묻힌 생물, 주로 식물의 사체가 수백만 년에 걸쳐 화석화된 것이다. 화석 연료는 거대한 유기 탄소화합물에 해당하기 때문에 우리가 사용한 화석 연료는 결국 이산화탄소의 형태로 대기에 들어간다. 탄소의 주요 저장소로는 화석 연료와 토양·수생 생태계, 생명체, 대기 등이다. 자연 상태의 대기는 식물과 플랑크톤의 광합성에 의해서 제거되는 대기 중 CO_2와 생산자와 소비자가 배출하는 CO_2의 양이 거의 동일해서 탄소순환이 균형을 이룬다. 그런데 산업혁명 이후 급격히 증가해온 화석 연료의 사용은 대기 중에 많은 양의 CO_2를 증가시킴으로써 탄소순환의 균형을 깨뜨리고 있다.

현대의 산업화·도시화된 사회에서 인간이 환경을 파괴하지 않고 살아가기란 거의 불가능하다. 환경보호에 대한 우리의 의식 부족 또는 관심 부족 등을 원인으로 들 수 있겠지만, 그보다 더 근본적인 원인은 인간도 지구 생태계를 구성하는 일부임에도 과학기술 문명을 앞세워 다른 생물종과의 자연적인 경쟁 원리를 따르지 않는 데에 있다. 인간뿐만 아니라 지구상에 존재하는 모든 생물종은 각각 자기중심적인 생활을 하지만 인간만큼 심각한 환경문제를 일으키지는 않는다. 그러나 과학기술로 무장한 인간만은 대량생산·대량소비·대량

인간의 욕망

생물학적 욕망(생존과 번식)을 넘어 다양하고 무한한 문화적 욕망을 갖고 그것의 만족을 끝없이 추구함

↓

인간 중심적 자연관

인간만이 내적 가치를 가진 존재이며, 인간 이외의 모든 존재는 인간의 욕망 만족을 위한 도구적 가치만을 지님

↓

과학혁명과 산업혁명

과학 기술이 자연을 개발하고 무제한적인 인간의 물질적 요구를 충족시키기 위한 도구로 각광을 받게 됨

↓

물질적 성장을 중시하는 가치관

대량생산·대량소비·대량폐기 → 무절제 → 도덕과 윤리 의식의 퇴화

폐기의 생활방식을 추구함으로써 필연적으로 환경문제를 유발하는 구조적 모순을 안고 있다.

누가 무엇을 어떻게 할 것인가?

산업혁명(특히 20세기) 이후에 지구촌에 찾아온 환경문제는 단순히 위생관념 부족으로 인해 발생한 전염병과 같은 과거의 문제와는 그 성격과 규모에 있어서 판이하게 다르다. 인류는 산업혁명 이후 더 나은 인간 생활을 영위하기 위해 성장위주의 정책으로 자연 환경을 개발하여 이용해왔다. 그런데 이러한 환경 파괴를 담보로 한 단기적인 개발은 더 이상 장기적이고 지속 가능한 발전(sustainable development)을 가져오지 못하고 불과 1세기가 지나기도 전에 많은 문제점을 드러내고 있다. 지구온난화와 기상이변, 최근 심각한 문제로 대두되고 있는 신종 전염병의 창궐 등은 지구 환경문제는 인류의 생존을 위해서 반드시 해결해야 할 과제다. 그러나 세계적으로 다각적인 노력이 계속되고 있음에도 불구하고 아직 확실한 해결책은 제시되지 못하고 있는 실정이며, 단지 지금까지의 사후처치적인 문제 해결 방식은 문제의 근본 해결책이 될 수 없다는 사실만 인식하게 되었을 뿐이다.

17세기 유럽에서 시작된 과학혁명 이후, 과학은 자연에 대한 이해를 넓혀서 자연을 효율적으로 개발하고 활용할 지식을 제공하리라는 기대에 힘입어 발전해왔다. 18세기를 지나면서 산업혁명을 통해 과학이 가시적인 성과를 냄으로써 이후 과학기술 발전이 더욱 가속화되었다는 것이 대다수 과학사 학자들의 견해다. 과학기술이 발전하면서 이에 따라 이

전까지 아리스토텔레스의 자연철학 영향을 많이 받았던 서구의 자연관에도 큰 변화의 물결이 일기 시작했다. 자연 안에 운동과 정지의 원리가 있다고 생각했던 아리스토텔레스는 근본적으로 자연을 살아 있는 것으로 보았다. 특히 그가 생각했던 운동 원리는 내재적으로 생성하여 발전하는 생명 원리에 가까운 의미를 지녔다. 따라서 과학혁명 이전까지 인간은 이러한 자연의 일부로서 존재한다는 사고가 지배적이었다.

17세기로 접어들면서 베이컨(Francis Bacon, 1561~1626)이 실용적 지식 축적을 위한 관찰과 실험을 강조하였고, 데카르트(René Descartes, 1596~1650)는 '기계론적 자연관'을 주장하였다. 이렇게 변화된 사고 체계 아래에서 자연은 공존의 대상이라기보다는 이용의 대상 또는 인간의 욕구를 충족시켜주는 자원의 집합체 정도로 여겨지기 시작했다. 그 결과 인간의 자연 지배와 자연의 수동성이 강조되면서 자연을 분해하여 조작하는 실험들이 활발하게 이루어지게 되었다. 사실상 일련의 이러한 변화가 없었다면 현대 과학기술은 훨씬 더디게 발전했거나 아예 이루어지지 않았을지도 모른다. 하지만 기계적 자연관의 순기능 이면에서 자연에 대한 지배 관념이 과도하게 확대되어 자연 파괴의 불을 지필 수 있는 인간의 편견과 오만이 싹터왔음을 간과해서는 안 된다.

"자연! 우리는 자연에 둘러싸여 자연과 하나가 되었다. 자연에서 떨어져 나올 힘도, 자연을 넘어서 나아갈 힘도 없이." 세계 최고의 권위를 자랑하는 과학 학술지 「네이처」 창간호의 머리글을 여는 독일의 대문호 괴테(Johann W. von Goethe, 1749~1832)의 아포리즘이다. 이 머리글을 쓴 헉슬리(Thomas H. Huxley, 1825~1895)[6]는 괴테를 인용하여 자연의 위대함에 대한 경외심을 강조함으로써, 「네이처」 창간의 의미를 부여하고자 했을 것이라 추측한다. 21세기를 살아가는 지금의 우리는 이 의미를 과연 어떻게 받아들여야 할지 고민해보니, 현재까지의 인간 중심적 환경관에서 벗어나 생태주의적 가치관으로의 의식 전환 없이는 근본적으로 환경문제를 해결할 수 없다는 결론에 도달했다.

6 영국의 생물학자로 스스로 자신을 '다윈의 불독(Darwin's bulldog)'이라 부르며 진화 논쟁에 적극 참여했다.

이야기를 마치며: 생명이란 무엇인가?

중학교 시절부터 즐겨듣던 올드 팝이 있다. 미국의 록그룹 Kansas가 1977년에 발표한 'Dust in the Wind'이란 제목의 노래다. 당시에는 감미로운 멜로디에 매료되어 들었지만, 노랫말이 예사롭지 않다. 이제는 가사가 주는 울림이 더 크게 가슴을 두드린다. 잠시 눈을 감으면 순간은 지나가 버리고, 먼지 같은 존재인 우리가 하는 모든 것들은 결국 땅에 부딪혀 사라질 것이니 집착하지 말라는 심오한 내용을 노래하고 있다. 노래를 듣다보면, 가끔씩은 우린 모두 빅뱅의 잔해, 즉 우주 먼지의 산물이라는 생각이 떠올라 웃음 짓기도 한다. 그런데 가끔씩은 노래 감상 중에 우린 모두 빅뱅의 잔해, 즉 우주 먼지의 산물이라는 생각에 문득 떠올라 쓴웃음을 머금게 된다. 앞서서 얘기한 대로 인간을 포함한 모든 생명체는 흙과 같은 자연 환경에 흔히 존재하는 평범한 20여 가지 남짓한 원소로 되어 있다. 신비로운 것은 이런 물질들이 복잡하게 결합하는 과정에서 어느 순간 전에 없던 새로운 흐름, '생명'이 나타났다는 사실이다. 이 생명의 본질을 탐구하는 학문이 바로 생물학이다.

생물학은 보통 아리스토텔레스를 위시한 고대 그리스 자연철학자들에서 시작되었다고 한다. 아리스토텔레스는 생명체를 형태(eidos)와 재료(hyle), 생기(psyche)로 이루어졌다고 생각했다. 여기서 형태와 재료는 각각 해당 생명체의 모양을 결정하는 틀과 생명체를 이루는 물리적인 실체이고, 생기 또는 영혼은 생명체의 생명력을 의미한다. 그의 주장에 따르면, 형태와 재료만으로는 생명체가 될 수 없고, 생기가 들어가야 비로소 살아 있는 생명체가 된다. 이런 생각은 이후 생물학의 발전 과정에 지대한 영향을 주어 생물과 무생물을 생기(영혼)의 존재 여부로 구분하게 하였다. 예컨대 18세기에 생물분류학의 기초를 다진 린네(Carl von Linné, 1707~1778)는 개개의 생물종이 고유한 형태를 가지고 있으며, 이는 따로따로 신에 의해서 창조된 것을 의미한다고 믿었다. 또한 신선한 공기와 함께 생기를 받아들이기 위해서 생명체가 숨을 쉰다고 생각했다. 그러나 생기론(vitalism)이라고 하는 이러한 생명관은 르네상스를 지나 과학혁명이 진행되던 16~17세기부터 허물어지기 시작하였다. 즉 베이컨과 데카르트, 하비(William Harvey, 1578~1657) 등 근대 과학의 선구자들이 자연을 이해함에 있어서 생기론처럼 합목적적인 사고는 배제하고, 관찰과 실험을 통하여 실증적이고 객관적인 접근을 해야 한다고 역설하고 나섰다. 하비가 발견한 혈액 순환의 원리는 이러한 주장에 입각한 실험과학의 대표적인 연구 성과였으며, 근대 생물학 발전에 크게 기여한 업적으로 평가된다. 이들은 생명 현상도 물리와 화학의 방법론으로 해석할 수 있으며, 생명체에만 적용되는 자연 법칙은 없다고 생각하여 이를 정교한 기계로 보는 기계론(mechanism)이라는 새로운 생명관을 내놓았다.

아리스토텔레스가 생물학의 시조라면, 근대생물학은 라마르크에서부터 출발했다고 볼 수 있다. 그는 1802년 독일의 박물학자 트레비라누스(Gottfried R. Treviranus, 1776~1837)와 함께 'biology'라는 용어를 도입하였다. 라마르크는 생물종이 불변의 피조물이 아니라 환경과의 상호 작용으로 변할 수 있음을 간파하고 이를 최초로 기록으로 남겼다. 그 후 19세기에 이루어진 획기적인 생물학 연구 성과들, 이를 테면 다윈의 진화론과 멘델의 유전법칙, 파스퇴르의 자연발생설 부정 등을 통해 학문적 토대가 완성된 생물학은 20세기에 들어서 눈부신 발전을 거듭하면서 마침내 21세기 바이오 시대를 열게 되었다.

"생명이란 무엇인가?"란 질문에 대한 답을 찾기 위해서 동서고금의 수많은 학자들이 골몰해왔지만, 아직까지 그 누구도 명확한 설명을 내리지 못했다. 예컨대 국립국어원 홈페이지에서 제공되는 표준국어대사전에서 '생명'을 찾아보면 이런 실상을 절감할 수 있다. 이 사전에서는 생명의 의미를 다음과 같은 다섯 가지로 나누어 설명하고 있다.

1) 사람이 살아서 숨 쉬고 활동할 수 있게 하는 힘.
2) 여자의 자궁 속에 자리 잡아 앞으로 사람으로 태어날 존재.
3) 동물과 식물의, 생물로서 살아 있게 하는 힘.
4) 사물이 유지되는 일정한 기간.
5) 사물이 존재할 수 있는 가장 중요한 요건을 비유적으로 이르는 말.

'생물로서 살아 있게 하는 힘'이라는 세 번째 정의가 생물학에서 말하는 생명을 가장 포괄적으로 잘 설명하고 있다는 생각을 하는 순간, 또 다른 의문이 생긴다. "그럼, 생물이란 무엇인가?" 다시 사전을 검색한다:

생물: 생명을 가지고 스스로 생활 현상을 유지하여 나가는 물체. 영양·운동·생장·증식을 하며, 동물·식물·미생물로 나뉜다. ≒유생물·생물체.

'생명을 가지고 스스로 생활 현상을 유지하여 나가는 물체'라니 이거 일종의 '순환논리'가 아닌가! 혹시나 했지만 역시나, 생명에 대한 명확한 정의는 구하지 못했지만, 그래도 '생명체'에 대해서는 상대적으로 구체적이고 명쾌한 답변을 할 수 있을 것 같다. 즉 생명체는 정교한 조직 체계를 갖추고, 물질대사를 하고, 자극에 대해 반응하고 항상성을 유지하고, 발생과 성장을 하고, 생식을 하고, 적응을 통해 진화한다.

생물학의 발전은 생명 현상을 밝히는 과정에서 생기와 같은 비과학적인 요소는 제거해야 한다고 주장하는 기계론적 생명관에 크게 힘입었다고 볼 수 있기 때문에 현대 생물학에서 생명체의 생기나 영혼에 대해 논하지 않는 것은 자연스럽고 당연한 일이라 할 수 있다. 그러나 분명하게 짚고 넘어가야 할 것이 하나 있다. 자연과학은 객관적이고 실증적인 지식을 토대로 하는 학문이다. 그렇다면 현재 가용한 지식으로 해명할 수 없는 자연 현상에 대해서는 어떤 판단을 내려야 할까? 다음과 같은 하비의 역설(力說)에서 이에 대한 답의 실마리를 찾을 수 있을 것 같다.

> "진리와 지식을 갈구하는 진정한 과학자[7]라면 자기가 이미 잘 알고 있다는 생각을 결코 해서는 안 된다. 말하는 사람과 출처에 상관없이 새로운 정보를 받아들이고, 예로부터 내려오는 예술이나 과학에 대해서도 상상의 나래를 필수 있는 열린 자세를 가져야 한다. 그리고 우리가 알고 있는 것보다 모르고 있는 것이 훨씬 더 많다는 사실을 명심해야 한다. 과학자는 다른 사람의 가르침이나 주장을 맹신하여 생각의 자유를 잃어서도 안 된다."

7 하비는 현재 철학자를 뜻하는 philosopher라는 단어를 사용했다. 그 당시에는 아직 과학자라는 말이 생기기 전이었고, 사실 철학과 과학은 뿌리가 같다.

곰곰이 되새겨보니, 지금의 지식을 가지고 생명을 섣부르게 정의하기보다는 더 유용하고 확실한 판단의 준거를 찾기 위해 다각도로 더 노력하는 것이 바람직한 과학자의 자세라는 생각이 든다. 현재 우리는 바이러스의 생명체 인정 여부 문제부터 시작해서 배아복제와 뇌사 인정 등을 둘러싼 생명윤리 문제에 이르기까지 생명에 대한 명확한 정의의 부재로 생기는 문제를 풀기 위해서 더 기다릴 수밖에 없는 처지다. 이런 난제들을 순차적으로 해결해 나가기 위해서는 생명의 본질에 대한 우리의 이해가 깊어져야만 한다. 이에 그 철학자에게 생명의 본질에 대한 지식의 지평을 넓히는 데 힘을 합치자고 말하려 한다. 우선, 생물학과 철학의 한계를 직시하고 두 학문의 접점 발견을 통해 앎(Knowledge)과 사유(Thinking)의 경계를 그어 "생명이란 무엇인가?"와 같은 구체적인 사안에서 갈라지는 두 학문 간의 해석 차이에 대한 이해를 시도하고 이를 통해서 생물학과 철학의 접점을 모색해 보자고 말이다. 이번에는 시(?) 한편을 건네며 먼저 그 철학자에게 융합의 화두를 던진다.

"철학에서는 생명을 어떻게 봅니까?"

생명 그대는…

그대는
자신으로 말미암아 남아 있는 초기 지구의 지나간 환경,
과거 화학의 표명이요
무감각하고 단순해 보이는 우주에서
감성과 복잡성을 가중시켜온 결합체로다!

그대는
존속을 위해서 시간과 함께 사라져 버리는
열의 보편적 경향을 거슬러야만 하는 운명 속에서
복잡성을 끊임없이 확대하고
스스로에 대한 새로운 문제를 창출하는구려!
죽음도 그대의 일부이거늘…

참고문헌

도서

김동규, 「멜랑콜리 미학」 문학동네, 2010.

김응빈, 이준행, 장수철, 「핵심생명과학」 바이오사이언스, 2013.

마굴리스, 세이건, 「생명이란 무엇인가?」 황현숙 옮김, 지호, 1999.

모러스, 보울러, 「현대과학의 풍경」 홍성욱, 김봉국. 서민우 옮김, 궁리, 2008.

베르그손, 「창조적 진화」 황수영 옮김, 아카넷, 2005.

웨이크퍼드, 「공생, 그 아름다운 공존」 전방욱 옮김, 해나무, 2004.

정인석, 「인간중심 자연관의 극복」 나노미디어 2005.

크릭, 「인간과 분자」 이성호 옮김, 궁리, 2010.

토토라, 펀크, 케이스, 「토토라 미생물학」 김응빈, 강범식, 노영태, 조은희, 황은주 옮김, 바이오사이언스, 2014.

Darwin, C. 「On the origin of species by means of natural selection, or the preservation of favoured races in the struggle for life」 (http://www.talkorigins.org/faqs/origin.html)

Dubos, R., 「Pasteur and modern science」 ASM Press. 1998.

Koneman, E. W., 「The other end of the microscope」 ASM Press, 2002.

Needham, C., M. Hoagland, and K. McPherson. 「Intimate Strangers: Unseen Life on Earth」 ASM Press. 2002.

Richerson, P. and B. Robert. 「Not by genes alone」 The University of Chicago Press, 2005.

Ridley, M., 「Genome」 Perennial, 2000.

Sherman, I. W., 「Twelve diseases that changed our world」 ASM Press, 2007.

Zimmer, C. 「Microcosm」 Vintage Books, 2009.

논문

김동규. 2011. 예술작품의 존재론적 토포스 -딜타이와 하이데거의 예술 철학을 중심으로. 존재론 연구. 25:117-145.

Douglas-Escobar, M., E. Elliott, and J. Neu. 2013. Effect of intestinal microbial ecology on the developing brain. JAMA Pediatrics. 167:374-379.

Farmer, A. D., H. A. Randall, and Q. Aziz. 2014. It's a gut feeling: How the gut microbiota affects the state of mind. Journal of Physiology. 592(Pt 14):2981-2988.

Fei, N. and L. Zhao. 2013. An opportunistic pathogen

isolated from the gut of an obese human causes obesity in germfree mice. The ISME Journal. 7:880–884.

Guinane, C. M., A. Tadrous, F. Fouhy, C. A. Ryan, E. M. Dempsey, B. Murphy, E. Andrews, P. D. Cotter, C. Stanton, and R. P. Ross. 2013. Microbial composition of human appendices from patients following appendectomy. mBio. 4:1–6.

Horowitz, N. H. 1956. The origin of life. Engineering and Science. 20:21–25.

Koonin, E. V. and Y. I. Wolf. 2009. Is evolution Darwinian or/and Lamarckian? Biology Direct. 4:42.

Lloyd, D., J. Wimpenny, and A. Venables. 2010. Alfred Russel Wallace deserves better. Journal of Biosciences. 35:339–349.

Rajilić–Stojanović, M. and W. M. de Vos. 2014. The first 1000 cultured species of the human gastrointestinal microbiota. FEMS Microbiology Reviews. Early View (Online Version of Record published before inclusion in an issue).

Ruse, M. 2009. The Darwinian revolution: rethinking its meaning and significance. Proceedings of the National Academy of Sciences of the United States of America. 106 Suppl. 1:10040–10047.

Schultz, S. G. 2002. William Harvey and the circulation of

the blood: the birth of a scientific revolution and modern physiology. Physiology. 17:175–180.

Shklar, G. 1998. Leeuwenhoek and Vermeer, an association of genius. Journal of the History of Dentistry. 46:53–57.

Snell, W. E. 1972. Erasmus Darwin, physician and poet. British Medical Journal. 1:303–305.

Woese, C. R. 2004. A new biology for a new century. Microbiology and Molecular Biology Reviews. 68:173–186.

찾아보기

가우스 180
가이스트 15
감수분열 129
개체군 179
결장 79
경쟁 배제 180
공장(空腸) 78
광견병 바이러스 11
광합성 59
군집 180
궁극 질문 154
근접 질문 154
기계론 199
기체 교환 102
날숨 102
내부공생설 149
내호흡 102
네프론 96
녹말 59
뇌졸중 89
니담 30
다당류 57
다윈 159, 161
단당류 57
단백질 63
담배 모자이크 바이러스 10, 11
대립유전자 123
대진화 167
데카르트 198
도킨스 16
돌연변이 158
동맥 83
동맥경화 88
동방결절 85
동원체 172
동화작용 10
들숨 102
딜타이 15
라마르크 162
라부아지 31
레디 30
레벤후크 25
리보자임 148
린네 198
림프 86
마셜 75
마이어 9
말피기소체 92
맥박수 85
맬서스 163
맹장 79
멘델 121
모건 126
무균쥐 52
무산소 호흡 109
물질대사 10
뮤신 74
미미 바이러스 13
미생물 병원설 35
미세융모 81
밀러 143
밈 16
바이러스 9
바이오스피어 177
바이오스피어 2 183
박동원 85

박테리오신 49
박테리오파지 11
반월판막 85
발효 111
방실결절 86
백조목 플라스크 32
버드나무 실험 29
베르메르 28
베이제린크 9
베이컨 198
변형 혈통 165
보우만 주머니 92
볼복스 152
분리의 법칙 123
분변 미생물상 이식 52
불포화지방산 63
블랙모어 16
사구체 92
산소비요구성 세균 110
살바르산 40
상대 적응도 135
상동염색체 125
생기론 198
생명력 31
생물속생 31
생물지화학적 순환 177
생물학적 종 168
생태계 177
생태지위 180
서턴 125
섬유소 59
세포설 23
세포호흡 107
소아마비 바이러스 11
소진화 167
수정 132
순1차 생산량 181
슈퍼박테리아 41
스탠리 9
스테로이드 61
스팔란자니 30
신경전달물질 53
신우 92
신종 전염병 189
심근경색 89
심박수 85
심방 83
심실 83
심전도 86
십이지장 76
쓸개즙 78
아데노 바이러스 11
아리스토텔레스 161
아미노산 65
아밀라제 73
암모니아 91
얀센 27
에를리히 39
에볼라 바이러스 11
연관 126
열성 125
염색체 117
염색체설 125
영양효율 181
오른방실판막 85
오장육부 71
올리고펩티드 65
외호흡 102
왼방실판막 85
요산 91
요소 91
우성 125

우주 대폭발설 139
워렌 74
원핵세포 23
월러스 163
유전자 125
유전체 121
융모 81
이당류 57
이론 154
이바노프스키 9
이타주의 135
이화작용 10
인지질 61
인체 미생물군집 프로젝트 45
자연발생 29
자연선택 165
자연의 사다리 161
저온살균법 35
적응도 132
정맥 83
정상 미생물상 45
조류독감 185
조직액 86
종분화 168
좌위 126
지방 61
지질 61
진핵세포 23
착상 132
창발성 98
체 54
체순환 83
체질 48
총1차 생산량 181
칸디다 알비칸스 49
캡시드 12
코흐 37
코흐 원칙 38
콜레스테롤 61
탄수화물 57
탄저균 37
텔로미어 174
트레비라누스 199
트리글리세리드 61
파스퇴르 31
파스퇴르법 35
페니실린 40
펩티드결합 65
폐경기 129
폐순환 83
포도당 59
포화지방산 63
폴리펩티드 65
프로바이오틱스 52
프리바이오틱스 52
플라토닉 러브 114
플라톤 100
플레밍 40
피르호 31
필수 아미노산 65
하비 198
하이데거 15
항생제 40
항원 대변이 187
항원 소변이 186
해밀턴 137
해밀턴의 법칙 137
핵산 117
헉슬리 196
헤르페스 바이러스 12
헤모글로빈 106
헨레고리 96

헬리코박터 파이로리 74
헬몬트 29
혹스 169
홀데인 135
활성산소 109
회장(回腸) 78
후크 23
휠러 54

Alexander Fleming 40
Alfred R. Wallace 163
Anton Laurent Lavoisier 31
Anton van Leeuwenhoek 25
Aristoteleles 161
Barry Marshall 75
biogenesis 31
Candida albicans 49
Carl von Linné 198
Charles R. Darwin 159
Dimitri Iwanowski 9
DNA 117
Erasmus Darwin 161
FMT 52
Francesco Redi 30
Geist 15
Georgy F. Gause 180
germ theory of disease 35
Gottfried R. Treviranus 199
Gregor J. Mendel 121
H1N1 바이러스 187
HA 돌기 186
Hox 169
Jan Baptist Van Helmont 29
Jean-Baptiste Lamarck 162
Johannes Vermeer 28
John B. S. Haldane 135
John Needham 30
Koch's postulates 38
Lazzaro Spallanzani 30
Louis Pasteur 31
Martin Heidegger 15
Martinus Beijerinck 9
meme 16
NA 돌기 186
pasteurization 35
Paul Ehrlich 39
Richard Dawkins 16
RNA 120
RNA 세상 가설 148
Robert Hooke 23
Robin Warren 74
Rudolf Virchow 31
Salvarsan 40
spontaneous generation 29
Stanley L. Miller 143
superorganism 54
Susan Blackmore 16
swan neck flask 32
Thomas H. Morgan 126
Thomas R. Malthus 163
vital force 31
Walter S. Sutton 125
Wendell Stanley 9
Wilhelm Dilthey 15
William D. Hamilton 137
William Harvey 198
William M. Wheeler 54
Zaccharias Janssen 27